厉害的人，早已戒掉了
情绪

MISS蔷薇◎著

POWERFUL PEOPLE
ALWAYS MANAGE
EMOTION WELL

中国水利水电出版社
www.waterpub.com.cn
·北京·

内容提要

这是一本帮助读者摆脱情绪失控的困扰、赢得优秀人生的励志书。我们人生中许多不必要的麻烦都是由情绪失控造成的,如果能减少负面情绪的干扰,我们遇事就能保持更加清明的头脑,做出对自身更有利的选择。本书运用大量生动的案例和专业的心理学知识,从各方面帮助读者消灭负面情绪、告别失控人生。

图书在版编目(CIP)数据

厉害的人,早已戒掉了情绪 / MISS蔷薇著. -- 北京:中国水利水电出版社,2020.11(2021.6重印)
ISBN 978-7-5170-8988-9

Ⅰ. ①厉… Ⅱ. ①M… Ⅲ. ①情绪－自我控制－通俗读物 Ⅳ. ①B842.6-49

中国版本图书馆CIP数据核字(2020)第207048号

书　　名	厉害的人,早已戒掉了情绪 LIHAI DE REN, ZAOYI JIEDIAO LE QINGXU
作　　者	MISS蔷薇 著
出版发行	中国水利水电出版社 (北京市海淀区玉渊潭南路1号D座　100038) 网址:www.waterpub.com.cn E-mail:sales@waterpub.com.cn 电话:(010)68367658(营销中心)
经　　售	北京科水图书销售中心(零售) 电话:(010)88383994、63202643、68545874 全国各地新华书店和相关出版物销售网点
排　　版	北京水利万物传媒有限公司
印　　刷	天津旭非印刷有限公司
规　　格	146mm×210mm　32开本　8.75印张　187千字
版　　次	2020年11月第1版　2021年6月第2次印刷
定　　价	48.00元

凡购买我社图书,如有缺页、倒页、脱页的,本社发行部负责调换
版权所有·侵权必究

目 录 CONTENTS

第一章
你对情绪的认知，决定了你的人生品质

事情不会压垮一个人，但情绪会 003

抑郁，也可能是重生的机会 010

见不得别人好，比忌妒更致命 016

真正的底气，源自一份自洽力 022

告别死亡焦虑，你会活得更尽兴 029

低谷期，我们该如何与痛苦相处？ 037

接纳并享受平凡的人，更容易获得幸福 044

第二章
克制负面情绪,从来都不靠忍

别让 1% 的情绪失控,毁了你 99% 的努力　　055

当连崩溃都静默无声时,你还能撑多久　　062

能愉快地表达愤怒,才能有更舒畅的感受　　069

开口求助,并不是一件可耻的事情　　077

节奏感——重获内心安宁的良药　　084

对工作倦怠?你可能还没找到自己的兴奋点　　091

如何走过人生的至暗时刻,绝处逢生?　　100

第三章
被讨厌的勇气——每个成年人的必修课

野心太强,是我错了吗?　　109

别让学习变成你防御焦虑的武器　　116

化解羞耻感,才能更专注地解决问题　　124

活出自己的人,从来不怕被人贴标签　　132

女人的价值,跟生不生孩子没关系　　140

虽然没有无条件的爱,可人间依然值得　　147

第四章
我们该如何避开亲密关系中的雷区

婚姻里的欲望，越压制越委屈	157
少操点儿心，别再把老公当儿子养了	166
被家暴、出轨：只要你愿意，你就能离开	174
内心孤独的人，更易暧昧成瘾	183
情绪越稳定，亲密关系越和谐	192
你能接受伴侣有秘密吗？	199
正确处理"离别"，才能从糟糕的关系中及时解脱	206

第五章
所谓高情商，都是练出来的

所谓高情商，到底指什么？	217
每一场孤独，都见证了有趣的灵魂	225
有技巧地"黑化"，日子越过越舒爽	234
你没必要为家人的坏情绪买单	242
久处不厌的人，都做对了这几点	252
30岁之后，照顾好自己	260
那些像光一样照亮世界的女人	268

第一章

你对情绪的认知,
决定了你的人生品质

事情不会压垮一个人，
但情绪会

朋友大彭在电商直播界做得风生水起，日销售额已达十万。她起家于服装行业，早年出过唱片，想当歌手，但因为不适应演艺圈的节奏，又重操旧业做起了服装销售工作。

很多人把大彭的成功归功于她精明的商业头脑和一股拼劲儿：当年瞅准了电商的蓝海机遇，关掉了早就盈利的线下店铺，投入全部资金开始做天猫、做直播，一步步做大。

说实话，上面这个说法，实属有点儿马后炮。

电商苗头初现之时，没人知道那是蓝海还是泥潭。面对混沌和未知的事物，没有参考答案，也没有解决方案，在无数种疑虑之中，有许多人望而却步，而大彭是自断退路式向前。初试电商并不成功，前后几年亏损达200多万，她不得已卖掉房子租房住；颓败的事业、失序的生活、产后身体的异常，她只能扛着问题重重的人生继续艰难向前；直播事业兴起之后，有人说她性格偏内向，直播间的气氛经常不够活跃，可这并没能阻止她一边摸索，一边向前。

所以，在"精明"和"拼劲儿"背后，大彭其实有个隐藏的被动技能：带着问题生活。这也是她最厉害的一点。

01
活在幻想中

/

人对"解决问题"是有执念的。

一个女人，无意中看到了老公手机里的暧昧信息，尽管男人解释并没有任何越轨行为，也保证不再发生类似的事情，她却感觉无法再信任他。这样的信任危机，引发了后续的无数次战争：电话接迟了，吵架；短信没及时回，吵架；男人没按时回家，吵架。两人精疲力竭，决定离婚，但是到了民政局签字之时，女人又心软下来："除了这一点，他其他方面对我还是很好的。"可惜，回去以后，一切争吵仍在继续。

在咨询室里，女人疑惑地问："他如果真的爱我，想重建信任，就应该按照我的要求来，为什么我的话他总听不进去？"过了一会儿，女人又发问："我这婚到底该不该离？你能给我一些建议吗?"

女人迫切地想要解决问题,于是采用了两种方式:一是改造,即按照自己的想法改造老公,她觉得这样信任问题就可以解决了,但失败了;二是求助,她向咨询师寻求建议,企图拿到更权威、更有效的解决方案。

类似这样的例子还有很多,当人生的某个方面出了问题,人很容易陷入其中,开始拧巴。因为"问题"是一团带着威胁的迷雾,并且已经给当下制造了一些麻烦,这会破坏我们的全能感。

"我和我的人生都是好的、完美的。"男人的暧昧短信打破了女人的这个幻想,她的"信任危机"一方面是对男人的不信任,另一方面也是因为这个信念的坍塌而开始怀疑人生。

"一切都应该按照我的意愿发展,这才是对的、顺利的。"女人的愿望是婚姻中双方相亲相爱,没有任何隔阂和问题,而男人既然犯错了,就需要按照自己的要求改变,这样才是正确的。

事情背离了"我"的意愿,就意味着事情失去了控制,面对巨大的不确定,"我"的潜意识倾向于将"问题"识别为"危险",而这会激起更深层的焦虑和恐惧。对问题的不耐受,实际上就是对失控的不耐受。

02
虚弱的控制

/

积极解决问题没错,但若执着于消灭问题,就会充满痛苦。

网上有一条超3000万播放量的视频:因为肾结石卡在输尿管,导致一个女孩得了复杂的慢性病,平均两个月发病一次,疼痛难忍,她的肾脏也逐渐萎缩。女孩一边四处寻求治疗,一边继续追逐她的"民宿梦"——将一套又一套"老破小"亲手改造成美丽的民宿,接待四方游客——这也是她的创业项目。她说:"我不是每一天都在生病,正常的时候,我也想打扮得漂漂亮亮的,为梦想努力奋斗。"

女孩带病努力生活,这本是视频传递出来的正能量,却遭到不少人的质疑:"得病了不是应该先去治病吗?还化妆录视频,一门心思想着赚钱,怕不是个骗子吧!"

这就是有些人"消灭问题"的逻辑:某个问题不解决之前,人生便只剩下解决问题这一件事,因为失控的人生是无法继续下去的。

就像上一个案例中的女人,她急迫地寻找化解"信任危机"的方案,为此心神不宁,寝食难安,没办法好好生活。这样的"解决问题",成了一种强迫性的控制,企图让一切尽快回到幻想之中，回到自己认为好的、对的标准之中。

然而，人生的一个真相是，有些问题能被解决，有些问题短时间内无法解决，还有些问题可能一生无解。总有问题与我们并肩而行或接踵而至，这就是人生本来的模样。所以，强迫性的控制注定是虚弱和无效的，这反过来又会加重自恋受损，对此，人很可能就会滑向另一个极端：逃避问题。

比如，一个得了胃溃疡的男人因多次治疗效果不佳，开始自暴自弃，消极沉沦，他辞了工作，成天在家打游戏，一言不合就朝家人发脾气。这实际上是拿着问题当借口，掩饰自己破碎的自恋，破罐子破摔——既然我控制不了你，那就一起毁灭吧。

有这样一句话："事情不会压垮一个人，但情绪会压垮一个人。"用心理咨询的视角来看就是：问题本身不会压垮人，对待问题的消极态度才会压垮人。

03
不是建议的建议

/

面对问题，除了战或逃，还有第三种方式：与问题共处。这需要人有一定的耐受力，意味着需要破除全能感，看见真实的世界，尊重它原本的运行规律，接纳它不一定按照你的意愿发生,即放弃控制,承认问题发生的合理性。这也是一个自我整合的过程,即"不是非要这样,那样也可以"。

比如大彭,如果她的世界只允许成功和顺利,她是不可能一头扎入电商这片未知领域的。她能够接受偏差:想到了就去做,不害怕失败,只怕留遗憾。这是一个更为敞开和包容的态度,可以按照自己的想法大胆去尝试,但是也能接受不如预期的结果。所以,在遇到重重困难时,她才没有轻易地被牵绊,或者被折断,而是显示出了超强的容错性,带着问题继续飞奔。

发现了吗?当不再企图控制问题的时候,问题也囚禁不了你,你才会自由。

与问题共处还有一个好处,那就是帮助我们自我觉察。从精神分析的角度来讲,问题的出现,很多时候是潜意识在呈现某些信息,是探索自己、探索生命的宝贵机会。

那个对老公有"信任危机"的女人,直到现在也没有完全解决问题,可是她却在咨询师的帮助下看见了自己早年的创伤。她搞明白了问题的来龙去脉,对自己也有了更深刻的认知,慢慢地练习放下对失控的恐惧,尝试把问题暂时搁置在一边,开始与自己、与生活和解。她说:"这个过程,比要一个离不离婚的答案,有意义多了。"

人生中的绝大部分问题,都像是一块布上的褶皱。解决它的办法,不是跟这个褶皱的部位较劲,而是把布的其他地方铺平，这样褶皱自然就消失了。

所以，不要只聚焦问题本身，而要着眼于自身的整体状态，不断优化、提升，带着问题好好生活。每一个问题，都有它发生和存续的机缘。当时空更迭，规律显现，而你又以更饱满、更智慧的状态重新审视它时，也许一切就迎刃而解了。

最后，送给大家一段我非常喜欢的出自里尔克《给青年诗人的信》的话："你是如此年轻，总是充满各种疑问。生活却说，答案现在还不能给你，因为经历一切比知道答案更重要。"

试着去触碰那些问题本身，就好像它们是扇紧锁的大门，或是异域来的一本书。带着这些问题去生活吧，在许久之后的某一天，你会在不经意间发现自己正慢慢靠近答案。

祝大家在问题中活得愉快。

抑郁，
也可能是重生的机会

我的朋友小 A 抑郁了。

研究生毕业的她，工作后误打误撞进了金融行业，干了几年后感觉沉闷乏味，被互联网公司活泼多变的氛围所吸引，于是跳槽去了互联网行业。然而在互联网行业打拼的短短几年间，她换了好几家公司，因为她遭遇了一连串在她看来匪夷所思的事件：毫无章法的管理模式、风云变幻的战略、狗血任性的斗争、三观神奇的同事和说散就散的公司。

"我运气为什么这么差？"她非常沮丧，性情变得有些抑郁，看来这两年过得真是挺不容易的。

"你觉得你的性格适合在互联网公司发展吗？尤其是你选择的这种初创企业。"我问她。

"有什么不适合的吗？"她明显有些不服气。

我没有再说话。

小A出生在一个不太和谐的原生家庭中，自身安全感比较薄弱。她理想中的自己拥有一颗强大而富有弹性的内心，而这与现实的她有不小的差距，但是她一直在朝这个目标努力。我认为，小A抑郁的根源正在于此：她混淆了理想自我和现实自我的边界，因而做出了一连串并不适合自己的选择。

01
自恋的破灭和抑郁的形成

／

容易混淆理想和现实的人，多半有一些自恋倾向。

襁褓中的婴儿，如果有一位情绪稳定的母亲能够给予其充分的照料，对于婴儿的各种状态都能很好地接受，那么婴儿就能够在这些温柔积极的回应中慢慢觉察到自己的存在，继而与母亲发展出很好的情感联结。

若母亲本身有情感障碍，情绪反复无常、时好时坏，婴儿在得不到渴求对象关注的时候，就只能把注意力撤回到自身。运气再差一些，若一个人在成长过程中持续地被重要的人（父母、师长等）忽略，出于心理防御的需要，他就会把能量投注给自己，这就是自恋的形成。

健康的自恋是有益的，这种建立在一定现实基础上的滤镜，能让自己和周围的人对此保持着不夸张、不膨胀的美感。但是，过量的自我投入，会让人虚拟出一个理想夸大的自我形象来自我催眠：我是特别好的，是无所不能的，你们看不见我是你们自己的问题。本来是以这样"顾影自怜"的姿态来防御他人的忽略对自己自尊造成的伤害，久而久之，自己也信以为真了，于是理想与现实的界限变得越来越模糊。

他们经常会陷入一种偏执的不甘："别人可以，为什么我不行？"可是实际上，对自我局限没有准确的认知而做出的选择，往往是不符合现实自我的人格状态和能量量级的。一旦现实事件将自恋戳破，无所不能的理想自我轰然坍塌之时，抑郁也就产生了。

就像我的朋友小A，她生性内敛，偏好安定，对于新鲜事物的接纳不具备足够的包容性和灵活性，而互联网行业的箴言是"拥抱变化"和"海纳百川"，这对现阶段的她而言，是有难度，甚至可以说是格格不入的。她经历的那些所谓"匪夷所思"的事件，也许只是初创型互联网企业的一个正常缩影，但是与她发生反应后，却对她造成了一些暂时无法消化的、颠覆性的创伤性影响。这样的选择在事后往往被判定为"错误的选择"。其实选择本身不一定是错的，错的是被蒙蔽的自己没能做出合适的选择。

02
合适的选择基于真实的自我

"选择没有好与不好,只有合适与不合适。"

当一个人对自己有清晰的认知时,对于个人有局限的那部分就会保持敬畏的心态。这种"敬畏"表现在充分承认和接纳自身局限的存在,不带情绪地随意挑战这个尚未解锁的部分,在与之友好相处的同时,以真诚和好奇之心逐步探索其中所蕴藏的可能性或终极边界。

就像当生命系统存在漏洞的时候,维持系统稳定运行的基础是先选择与实际情况相匹配的资源,建立一套允许漏洞存在的运行机制。如果贸然去选择建立一种不允许漏洞存在的运行机制,好一点儿的结果是负荷过重影响系统运作,差一点儿的也许就直接宕机了。

比如在恋人的选择上,你倾慕的男神或女神就一定适合自己吗?清醒一些的人,会结合自己和对方的情况做一个合理的判断,毕竟矛盾型依恋者和回避型依恋者并不适合成为情侣。选择一位与自己性格匹配的伴侣,对于亲密关系的经营来说会容易得多,也牢固得多。

强行配对的结果很有可能是,遇到矛盾时,一方焦虑不安,一方避而不谈，多个回合下来，爱情的巨轮沉了，身也伤了，心也伤了，哭闹着再也不相信爱情了。可这关爱情什么事呢？明明是自己的选择呀。

不让现实来背书，便很难做出适合自己的选择，这是一种最大的不靠谱儿。如何做出符合自己实际情况的选择，是一门值得深究的功课。这门功课的基础是：保持自我觉察，深刻全面地了解自己。

03
抑郁位的重生之光

/

好吧，选都选了，抑郁也抑郁了，怎么办呢？人生就这样毁了吗？当然不是。把控得好，抑郁位其实是个好东西，它能激起人的反思，是盘点和觉察自己的绝佳机会。这个位置上，一面是失落和无力之痛，而另一面却是看见真实与回归自我的入口。

有人说，人生漫漫，当你想从某段经历中有所顿悟，去更深入地探索自我时，你会发现只有低谷期才是最佳的时期。

人生是一场冒险体验，充满了艰难时刻。被卡住的时候，愤怒、恐惧或佯装快乐，都无法带领你走出深陷的沼泽。而这个时候，找个安静的角落大哭一场，那些释放出来的能量以及在悲伤中沉淀下来的心绪却能帮你满血复活，这正是抑郁在将你引向光明。

弗洛伊德提出，人是本我、自我和超我的集合体，本我是享乐原则，超我是道德原则，自我在其中起到平衡的作用。"追求快乐"是本我的本性，"抑郁和反思"大概可以算是超我的一种监督和平衡吧。

我曾经有段时间经常在抑郁边缘徘徊，那是段非常痛苦的日子。不过，我时常感觉自己是悲壮而幸运的：一次又一次被抛掷于幽冥鬼火处，感受到抑郁带来的密不透风、足以令人窒息的混沌，却又在每一次无涯黑暗的沉沉坠落中，或迟或早，被一只神秘而温柔的大手轻轻托住，慢慢把我托至水面，送回岸边。等我从溺水状态中清醒过来时，身边总会有一些闪闪发光的礼物。

或者是对纠缠于心的事情有了新的领悟，或者是对世界的真实面貌又有了新的瞥见，也或者是开始与自己和解，我感觉心灵深处那些隐秘而凌厉的棱角在一点点变得柔和。最重要的是，我对真实的自己越来越熟悉，也越来越友好。

这些珍贵的礼物，我称为"重生之光"。在这些光芒的加持下，也许我们能尝试着更好地看见自己，对人生的每一个选择能够更笃定地把握。

希望有些抑郁的小 A 也能尽快好起来。

见不得别人好，
比忌妒更致命

01
听说，你过得比我好？

先来看几个场景。

场景一：

国外新冠疫情蔓延得很快，形势严峻。两个女人正在聊天：

女人A："现在美国情况很糟糕啊，感染人数世界第一了，你闺密情况怎么样？"

女人B："关我什么事？"

女人A："你们感情不是挺好的吗？"

女人B："一直以来她的狗屎运最多，考博士、拿高薪、定居海外，也正好让她尝尝倒霉的滋味呗，太顺利的人生多无趣。"

女人 A 不再说话，表情复杂。

场景二：

前段时间，美股大涨大跌，某同事踩准了时机，狠赚了一笔，于是在微信群里发消息："兄弟姐妹们，今天下午我请下午茶，想吃什么，随便点！"一时之间，群里热闹起来，各种调侃逗趣，其乐融融。突然，一句话划过屏幕："平时小里小气的，现在这么大方？我看就是故意炫耀吧，真是缺什么炫什么，省着点儿吧，没准儿明天就跌没了。"

群里顿时鸦雀无声。

场景三：

朋友刚领结婚证，老公帅气体贴、年轻有为，是一家创业公司的 CEO。

亲戚聚会上，朋友一脸幸福地向大家介绍老公，收获了很多温馨的祝福。这时，表姨半开玩笑地说："你呀，就是命好。金龟婿可得看牢了，不然就凭你那点儿姿色和本事，当心将来他被人拐跑了。"朋友一时无语，众人尴尬不已，最后还是老公解了围。

《来自星星的你》里，千颂伊有一段话："人性就是如此，看到别人比你爬得高，不是说我也要去那里，而是对别人说，你下来吧，下来吧，也到这泥潭里吧。"当你过得比我好时，我就难以克制地想要毁灭你。

02
比忌妒更低级的情感

／

上述三个场景中，很多人把这称为"忌妒"，这可就冤枉忌妒了。忌妒存在于三元关系中，指向的是客体之爱（重要他人的爱），是由于被"第三者"抢走了本属于自己的爱，而对这个第三者产生的复杂情感。

比如，家里突然多了一个弟弟，抢走了爸爸妈妈对老大的爱，老大对弟弟充满敌意，这是忌妒。

忌妒诞生于俄狄浦斯期。在孩子的世界里，出现了一个叫爸爸的男人：这个人太讨厌了，居然抢走了我妈妈！

忌妒背后，是担心失去客体之爱的焦虑。而"见不得别人好"是一种比忌妒更原始、更低级的情感，叫"嫉羡"。

嫉羡仅限于二元关系中，指向的是爱之客体（重要他人本身）：因为你拥有我所渴求却没有的东西，所以我要摧毁你。

上文的三个场景里，虽然没有付诸毁灭的行动，但都存在着言语上的刻薄、攻击和毁灭冲动，属于程度较轻的嫉羡。

再举个例子。曾有个新闻，一个男人因为女友认为两人不合适（不存在第三者）坚持要分手，于是准备了一桶硫酸行凶，最终女友惨遭毁容，落下终身残疾。

在这个案例里，男人因为渴求女友的美貌和爱，而女友不再提供，于是摧毁了女友。这是典型的嫉羡。

嫉羡的原型，存在于母婴二人之间，从出生第一年就形成了这种情感。母亲的乳房是粮仓，可是，母亲的喂养又不可能总那么及时。当婴儿感到饥饿，又没能吃到乳汁时，就会激发起内在一种强烈的被迫害感：你有这么好的乳汁，居然不给我吃，是想故意饿死我，是个坏乳房。

婴儿既依赖乳房，又痛恨乳房，这种无力感让人挫败、愤怒，于是嫉羡就产生了：毁掉你和你的乳房，我就不必如此痛苦了。所以，有时候婴儿会有攻击乳房的现象。

由于嫉羡触发的是原始生存焦虑，"死亡"比"吃醋"的程度要强烈得多，所以，从情感发展轨迹来看，嫉羡比忌妒更低级，破坏性也更大。这种情感内核保存下来，就会形成"见不得人好"的心理特征：轻则心情不爽、言语打击，重则怨恨丛生、付诸戕害。

03
如何与"嫉羡"相处

/

很多人说，"见不得别人好"是一种"病"、一种"坏"，并对其大加声讨和斥责，其实倒也不必。

人格发育越成熟，防御机制越灵活。"见不得别人好"是一种原始情感在作祟，也是人性的一部分，只是每个人的防御能力有所不同。

所以，若是自己总"见不得别人好"，不妨先尝试一下自我接纳。而接纳之后，采取何种方式来处理被激发的嫉羡，才最关键：

毁灭、贬低、隔离都是比较低级的防御方式，损人又损己，应对此保持觉察。

弥补可以让自己暂时进入一个比较积极的状态，但也不是完全靠谱儿。

尝试将注意力回收，专注发展自我，"临渊羡鱼，不如退而结网"或许是个不错的选择。

同时，也要看见和接纳自身的局限性，学会与局限共舞，这样才能拥有更多心灵的自由。

那身边有"见不得别人好"的人吗？

事实上，每个人或多或少都会保留着嫉羡的情感，如果对方让你捕捉到了这缕气息，说明对方的防御有破绽，那么这时你就可以观察一下对方的防御方式。

比如，有一次讲座结束后，全场掌声雷动，大家都被主讲人的人格魅力和智慧所打动。这时候，有一个男人站起来，大声说:"老师,您真是太优秀了,我好嫉羡。所以我决定好好努力,将来和您一样优秀。"

这种"主动暴露",恰好体现了对方较为饱满的人格,这是一个值得交往的人。但如果对方有毁灭的倾向,比如通过言语攻击让人不舒服,或是有图谋不轨的苗头,甚至有过蓄意破坏的经历,就需要保持警惕:一方面要看见对方的"痛苦",避免激起更大的矛盾;另一方面,要注意与其保持距离,保护好自己。

当然,不论是自己,还是关系密切的他人,当依靠自身力量无法耐受嫉羡之苦时,最好寻求专业的帮助,在咨询师的陪伴下,在一个足够安全的环境里,进行人格的修复和成长。

精神分析学家梅兰妮·克莱因说:"嫉羡是严重不快乐的来源,相应地,免于嫉羡被认为是满足和平静的心理状态的基础,最终也是精神健全的基础。"

事实上,这也是内在资源和恢复能力的基础。

嫉羡这种原始情感,诞生于摇篮,与人一生的幸福息息相关。

与其总在"见不得别人好"的痛苦里挣扎,不如停下来,好好反思一下:我的幸福在哪儿?又是什么阻碍了它呢?

真正的底气，
源自一份自洽力

我有一个朋友 A，从事舞蹈行业多年。

可纵使有北京舞蹈学院的专业背景，有国家级舞蹈剧团中的优秀表现，捧回过无数奖项，被称为"实力派"的她，一直以来的人气却都处于一个"不温不火"的状态。

直到她参加完一个非常有影响力的比赛后，很多人才惊呼发现了"宝藏女孩"，有人喜欢她的颜，有人喜欢她的舞，有人喜欢她的淡定，也有人喜欢她的力量和温暖。但我觉得，A 最酷的地方，在于她的自洽能力。

01
不被看见的人

/

网络小说写手Z，在朋友圈发了一段令人动容的文字："我已经在网上写了八九部小说了，可是依然得不到太多人的关注，那就说明我不适合做这个，反正我也试了十年了，没有遗憾。"

"被看见"是生命的根本需求，我们对此有多么迫切呢？

还是小婴儿的时候，我们渴望从妈妈眼里看见自己，那是"存在感"的来源；成长过程中，我们渴望别人看见自己独一无二的个性，那是"自我感"的确定；成年后，我们渴望被爱人、知己看见，这是"亲密感"的体验，也渴望被世界看见，似乎这成了"意义感"和"成就感"的源泉。

"看见"是发生联结的开始，意味着被接纳、被理解、被认可、被回应。Z向世界热切地表达自己，却十年都没得到太多的回音，其中的心酸可想而知。

我的表妹弹得一手好古筝，去年在抖音上做起了自媒体短视频，成了一名音乐博主。一开始，她热情高涨，视频不仅制作精良、有创意，还坚持日更，短短时间就把身边的人都圈粉了。可在那之后，情况就不太理想了，经常一个视频发出去，播放量不足三位数，评论和点赞屈指可数，一个月才涨几个粉丝。做了不到一年,她就放弃了。吃饭时聊起这事儿,她非常低落地说:"用心做的东西却没人看,心思都白费了,那种失落和挫败,没体验过的人不会懂。"

自体心理学认为,无回应之地便是心灵的绝境,不被镜映和肯定,对于很多人来说会引发强烈的羞耻感和破碎感。哪怕是像Z这样优秀的人,谈及自己"十年不被关注"的状态时,也会萌生退意。

要知道,Z是北大中文系毕业的才女,曾经获得全国架空类小说比赛冠军,精通3门外语,才华深得导师欣赏。可是,红不起来、不能被更多人看见,这些美好的特质、才华连同自己本人,就仿佛都"不存在"了,于是她陷入了自我否定中,呈现出来的就是不自信、没底气。所以,Z虽然平时看上去开朗活泼,却总让人感觉有些自卑,甚至在一次朋友聚会时大哭了起来。

"怀才不遇"是一种什么体验?可借用几句陈子昂的诗来抒发一下:"前不见古人,后不见来者。念天地之悠悠,独怆然而涕下。"

02
另一种可能
/

有一句挺流行的话:"每个人都要经历一段默默无闻的时光,

才能惊艳所有人。"这初听上去还挺鼓舞人的，可仔细分析一下，会发现其实有点儿"功利"，落脚点还是期待"被看见"，只不过用"暂时的忍耐"来做交易。

目标导向的好处是，能以一个理想状态来激励自己，获取和聚焦心理动力，推动自己更有效率地达成愿望，而坏处是力比多几乎都投向了那个不确定的幻想，难以享受当下真实的体验，若是幻想破灭，则会感觉到强烈的挫败。所以，很多人的坚持总是有期限的，或长或短，当结果不如预期时，总会放弃，而这个过程也因为"忍耐"而变得格外煎熬。但A给出了另一种答案。

知乎上有一个话题："作为一名红不起来的舞蹈演员是种什么体验？"A亲自献上了一条真诚而走心的回答，其中有一句是："红有红的好处，不红，我也依然可以好好生活，好好跳舞，享受生命的美好，不负这一路的好风景。"

作为一个在舞蹈圈里摸爬滚打了十几年的舞蹈演员，对于自己数十年如一日的"不被看见"还能如此自在从容，这也太酷了吧。最关键的是，这丝毫没影响她对舞蹈和生活的热爱：一边不疾不徐地打磨着舞技，悄悄更新着优质作品；一边踏踏实实地过着小日子，低调地恋爱、结婚，骑得了大摩托，画得了小漫画，打游戏打到了满级。这次舞蹈比赛开始前，她想加上一些街舞元素，学了一阵子，就酷酷地去比赛了。

享受过程的人，能与正在经历的人和事发生深刻的联结，这些联结本身就是一种滋养和力量，带来的是真实自体的满足。即使不被看见，没人关注，也能自得其乐，悠然向前，这就是"自治"。而真实自体的饱满，又能更加确认自己是谁、喜欢什么、想要什么，以及无条件地相信自己的价值和意义。这就是A呈现出来的沉稳和底气。正如她所说："只有对生活有更多的观察和理解，对人生百态有更多的领悟，热爱一切或大或小、或深或浅的快乐和悲伤，才能锻造舞蹈的格局和魅力。"这些也同样构成了A的人格魅力，就是那股大家说不清道不明，但又被深深吸引的"清流"气质。

一同参加比赛的一位姑娘这样评价A："她和这个世界相处的方式是最独特的，一颦一笑、一吵一闹、一蹦一跳都有光芒，她有一颗充满阳光的内心，不管怎样都让人觉得舒服，如沐春风。"所谓"充满阳光的内心"，其实就是真实自体透出的光芒，也是"自治"散发的独特魅力。

03
像一个光源

/

当然，A的方式也并非是完美的。比如，和那些野心勃勃的人相比，A的步调和节奏更加随性、缓慢，所以她在"出名"

这条路上，一逛就是十几年。甚至她自己都说，"有一颗不愿意折腾的心，事业不能大红大紫也正常"。

每个人都有自己的个性和风格，功利有功利的好，纯粹有纯粹的美，慵懒有慵懒的妙，适合自己就好。但A的"自洽"，或许能给我们一些小提示。

首先是我们要先看见自己。"渴望被看见"是天性，而"看见自己"则是一种能力。

一个男人，在创业失败后自暴自弃，消极颓废。他对咨询师说："人们都说我有本事，可如果我真的有本事，为什么会失败？"在男人的心里，创业成功等于自己的本事"被看见"。可"被看见"并不是证明自己的唯一方式，有没有本事，有多少本事，本来是该自己看见并给予肯定的。就像A，即使不红，也依然保持着高质量作品的输出，因为她看得见自己的实力。

建立属于自己的评价体系，保持客观而清醒的自我判断，别被"被看见"的需求绑架。试想，如果自己先和自己失联了，别人还有什么机会看见你呢？

其次是别忽略当下。"体验"是很重要的东西，它会影响你的内心模型，以及你和世界互动的方式。

比如，有一些人在追逐理想的道路上过于聚焦目标，切断与当下生活的联系，心无旁骛地勇往直前，那么他们的体验往往是孤独的，同时也是脆弱的。而A就不一样，她的"支持意识"非常强烈，在专访中多次表示"互相支持是一种很强大的力量"。A这样的体验来自她与生活的密切联系，比如健身、唱歌、画画、游泳等兴趣爱好对她的支持，家人、朋友对她的支持——"不说我应该要做什么，而是让我想做什么就做什么"。这种体验一旦被内化，就成了她无所不在的力量之源。当下的每一刻，都是真实的生活经验，而这些真实，构建起一个有血有肉有灵魂的人。

珍惜和享受当下有一个好处，那就是倘若目标没实现，这一路走来，依旧可以光彩夺目。就如A的好朋友，一位知名舞蹈家对她的点评："这些年来，A可能不红，但她很亮，她是一个光源，源源不断地散发着光芒。"

把人生活成了一个光源，这难道不是一种更大的收获吗？当然，这个发着亮光的"光源"，参加完这次比赛之后，可能也要"红"了，A或许会成为周边朋友中最大的"人生赢家"。我对于A，充满了祝福，也愿大家在追逐理想、乘风破浪的途中，能多几分自洽的风采。

告别死亡焦虑，
你会活得更尽兴

一名网络歌手在微博上公开了自己患癌症的消息。他在博文中回顾了自己确诊的经历，言辞朴实恳切，同时也流露出太多不舍，希望能够获得网友的支持、专家的帮助。他这封情真意切的"求助信"很快引起了广泛关注和强烈共鸣，网友们纷纷献计献策，为他加油鼓劲。

他的博文中有这么一段话："我自问善良务实，勤奋认真，从未做过坏事，为何会遭遇这些？我没有癌症家族史，作息健康，每日健身又注意养生，癌症为何还会选择我？"

是啊，这么年轻、自律的人，怎么会得癌症？

这一刻，大家惊觉：原来癌症是不挑人的，死亡可能是随机的，活着是要靠一定运气的。

下一个会是我吗？这么一想，后背不由得一阵发凉，恐惧和焦虑弥漫开来。

01
避而不谈的"死亡"

施琪嘉老师曾说:"我们活下来是基于一系列虚幻的信念,可称之为神话,比如坏的、不幸的事情不会发生在我们身上,我们离死亡还远着呢,等等。这些'神话'其实是一种防御机制,防住的是我们的死亡焦虑。"

死亡这个话题历来讳莫如深,但死亡焦虑却像四溢的毒气一样,令人防不胜防,无所遁形。表现较明显的,是对死亡的避讳。

比如在中国,光是"死"这个字,就能引起人的剧烈不适,还波及无辜的阿拉伯数字"4",这些不吉利的代表被无情地驱逐出日常生活。买保险,不敢买以"死亡"为标志的人寿保险,总觉得买了寿险,就等于预订了死亡,受到了诅咒……

有段时间,"90 后开始怀疑自己得绝症"的话题上了热搜:体检完出结果的时候,年轻人怂了,战战兢兢像在接受一场审判——我的肝功能指标怎么都偏高了?这是要得肝癌了吗?胸这么小,怎么还会乳腺增生?白细胞这么高,怕不是得白血病了吧……忧心忡忡地在搜索引擎上一顿操作之后,顿感自己身患绝症,行将就木,内心开始上演生死离别的大戏。这也太煎熬了,于是暗暗发誓，下次不看体检报告了。

我们把内心无力接纳的对死亡的恐惧和焦虑，一股脑儿地投射给了文字、数字、保险、体检报告，仿佛屏蔽它们，就能屏蔽死亡。

还有一些更隐晦的表现。

一个在体制内工作的朋友，常常抱怨人生无趣，称自己有时候会被噩梦惊醒，觉得这辈子可能就这样了。如他这种深度的工作倦怠，其实也是一种死亡焦虑：生命被波澜不惊地浪费着，而死亡的尽头逐渐逼近，潜意识嗅到了恐慌、焦虑和无助，开始频频表现。

与此类似的还有七年之痒、欲罢不能的熬夜习惯等。前者是出现亲密关系的倦怠，开始蠢蠢欲动；后者是害怕睡眠耽误了生命。其本质都是想在有限的时间里多做出点儿花样来，以此来对抗死亡。我们畏惧、逃避死亡，反手却又被死亡焦虑扼住脖颈，挣不脱、逃不掉，直至死亡真正来临。

多别扭啊，是时候好好来聊聊这件事了。

02

当提及死亡时，我们在害怕什么？

/

首先，害怕个体的消亡。

听过一个临终关怀的案例，一位肝癌晚期病人，32岁，癌细胞扩散至全身，生命垂危，后来，他和咨询师有这样一番对话：

病人："我时间不多了，但是心态也平和了很多，能够接受身体的迅速衰落。"

咨询师："嗯，身体确实是无常的。"

病人："我以前不这么认为，当身体不受控制地变差，一点点地腐坏时，我内心很恐惧，还很愤怒。"

咨询师："我能理解你，其实我们每个人都一样。"

病人："现在我偶尔还会有这些情绪，但是转瞬即逝，我觉得身体像一个熟透的香蕉，每天都在变黑，这也是一种自然规律。"

一周后，病人安静地去世了，可这个"香蕉比喻"，却给咨询师留下了深刻的印象。

死亡，直面着一场巨大的丧失，包括肉身的衰败、腐烂，以及所有财富、声名、成就、关系、情感的归零。这与人的自我保存机制是冲突的，生本能企图对抗更为深刻的死本能，孕育出永生不死的渴望，人人都想向天再借五百年。在精神分析里，这叫以自恋对抗死亡实相。若不能主动接纳和顺应规律，终会产生被规律支配的恐惧。

其次，害怕失去联结。

告别时刻，我们将与熟悉的世界、亲爱的人们诀别。内心的不舍、牵挂，独自面对死亡的孤独、痛苦，以及对未知旅途的猜测、恐惧，一股脑儿卷成浓稠的分离焦虑，黏在心头，无计可消。于是，我们渴望抓住点儿什么，不让自己与这个世界彻底失去联结。

电影《寻梦环游记》传递了这么一个观念：死亡并不是终点，被遗忘才是真正的死亡。

比如，被家族除名的已故乐手埃克托，由于不允许被在世的家人提及，亡灵世界中的他成了一个即将彻底消失的亡魂。只有年近古稀、神志模糊的太奶奶（埃克托的女儿）若有若无的思念，让他得以存在于亡灵世界。而这一丝游离的惦记，也算是一种联结。

活着通过建立各种关系，发生着联结；死后通过不被遗忘，保持着联结。联结的本质依然是渴望存在，与肉身不同的是，精神确实可以永垂不朽。但是，怕就怕没有什么值得永垂不朽。

这就关联出最后一点：害怕没有真正活过。

日本一位临终关怀护士大津秀一，在亲身见闻了1000例患者的临终遗憾后，写了一本《临终前会后悔的25件事》，排在前列的是：

没有做自己想做的事；

没有实现梦想；

做过对不起良心的事而没及时忏悔；

没有尽力帮助过别人；

没有表明自己的真实意愿。

这些，都是人们没有活出自己的证明。

在生命的尽头，回望浑浑噩噩的一生，违心地活在别人的期待之中，从未热烈而充分地展现本真的自我。貌似功成名就、人生圆满，却终究是白活一场、愧对自己，而眼下再没有机会重来一次。深刻的遗憾和后悔，与恐惧一同泥沙俱下，令人不得安乐。

03

死，能指导生

/

既然死亡是必然的终点，那么为何不能放下恐惧，更优雅体面地靠近它？来看看存在—人本主义视角的建议。

①关注觉醒体验

我有一个很久没联系的大学同学，再次见到她时，她已经成了豆瓣红人、畅销书作者，运营着自己的新媒体工作室。刚生完孩子的她尚有些圆润，可爽朗的笑声和明亮的眼眸，透着"老娘天下最美"的自信，浑身上下散发着强大的气场。从前她也爱笑，但腼腆、黏人，很在意别人的看法，一不小心就红了脸，成绩一般，也从未展露过过人的天赋，毕业后循规蹈矩地生活、工作。

提及人生转折，她似乎完全忘记了病痛带来的折磨和痛苦，而是流露出满满的感恩："若不是当年乳腺癌的一记重锤，我还在过着别人期待的生活。在与死亡亲密接触之时，我才明白只有内在的真实体验能让人感觉不虚此行。"

这是多么宝贵的觉醒体验啊，生命的意义开始重新被定义。

她变得热爱生活，尤其喜欢烹饪美食；变得大胆乐观，积极探索一切，且不惧犯错；待人更加亲和友好，建立了很多高质量的关系；她还决心将自己的经历和生活分享出来，以帮到更多人，没想到潜能爆发，一写成名，顺路还收获了一枚志同道合的亲密爱人，以及一个美满的家庭。

什么是觉醒体验？

从关注日常琐碎、转瞬即逝的身外之物，回归到内在真实的自我，即从非本真存在状态切换至本真存在状态。本真状态能让人遵从内心，活出真实的意愿，充分燃烧过的生命就不再那么惧怕死亡。

②受到波动影响

欧文·亚隆认为，人虽死亡，但激起的涟漪还在一圈一圈荡漾，对周围产生影响：给他人留下的如沐春风的感觉；为他人在黑暗中点亮的灯；一些言行、观念、智慧的传递；等等。

比如李文亮医生，他的离开让无数人心痛不已，大家回忆起他，依然会被他的英雄事迹所打动。他的微博下面，每天都有网友留言，成了一面"缅怀墙"。网友们纷纷表达：李医生是吹哨人，为生命吹响了口哨。

传递给他人的美好和意义将被铭记，并持续发生着"联结"。这样的存在令人欣慰、心安，让人对死亡的恐惧又少了几分。

③接纳自然规律

花开花落都有时，人也不例外，和熟透的香蕉一样，人终将衰败、腐烂。

在承认人生的限制性之后，才能在有限的时间中，利用有限的能力，在局限中挖掘更多的可能性，潇洒走上一回。并且，更专注亲密关系的经营、高质量的陪伴会驱散孤独，在临近终点时才不那么凄凉、落寞。如同我那位得过癌症的朋友所说："死过一次，我知道怎么更好地活着了。"

理解死，方可生。

来自死亡的讯息，带来了最贵重的加持，助我们打通任督二脉，以全新的自我重生。如此，关于死亡的思考未必是件坏事，它让人保持清醒和敬畏，有机会一日三省吾身：今天，我活得可还尽兴？

向死而生的态度，将带来最终的圆满，令我们不再畏惧，勇敢地抬头，直视骄阳。

低谷期，
我们该如何与痛苦相处？

不久前，一个同事在社交网站上晒出了一张自己的照片，并配文："准备开学啦，有点儿紧张。"照片中的她，一袭清纯的学生装扮，白衣长发，回眸嫣然，神采飞扬。

和男友分手之后，她一夜之间清空微博，只在朋友圈留下一句：坏事总会发生。之后便沉寂了很久。

被交往10年的男友欺骗、劈腿，男友还和别人有了孩子，这对于一个美丽、优秀、自信的女人来说，无疑是个巨大的打击。这段沉寂中经历了怎样的痛苦和煎熬，想必只有她自己才清楚。但令人欣慰的是，从她更新的状态来看，她从这段阴影中走出来了——她用一纸北大硕士研究生录取通知书，潇洒地开启了崭新的人生旅程。

生而为人，我们都免不了经历痛苦，而如何面对痛苦，将决定你成为怎样的人。

01
沉溺痛苦，因为享受痛苦

/

同样是遭遇感情创伤，朋友小芸却迟迟走不出来。

从发现老公变心开始，小芸就日日以泪洗面，离婚闹了一年多，她想尽办法挽留，然而老公还是决心离开。整个过程伤心、伤神，也伤身，小芸元气损耗过度，整个人暴瘦了20斤。

本以为最终的离婚对小芸来说是一种解脱，可她从此一蹶不振，郁郁寡欢，几个月前还检查出了中度抑郁。她说得最多的一句话是："我是个命苦的女人。"

当我告诉她，她现在的状态可能是潜意识自愿选择的时候，她完全不能接受："人人都渴望幸福快乐，怎会有人愿意沉溺于痛苦呢？我不会这么傻的。"

确实，痛苦令人受尽折磨，苦不堪言。为了保护人的正常生存，大脑甚至发展出了对应的防御功能：快速忘记事情最痛苦的部分。比如，很多人失恋后，心碎的时刻忘得很快，回忆起的都是曾经的甜蜜时光；亲人离世，睹物思人的时候，想起的也是曾经相处的快乐；女人在生产后，甚至会忘记高达十级的分娩痛苦。正常状态下，痛苦来了，停留一会儿，事过境迁之后，在复原力作用下，就会离开。

如果有人一直沉浸其中无法自拔，是因为他在不断地反刍，享受痛苦带来的好处。

这种人以受害者自居，一边吸引更多的关注和同情，一边逃避自我成长：我都已经这么惨了，你还要我怎样？

"原生家庭"理论流行之后，很多年轻人都把锅甩给了父母，豆瓣上甚至有个"父母皆祸害"的小组，他们把很久之前父母对自己造成的痛苦挖出来，一边咀嚼，一边抱怨，甚至不惜决裂：我自卑、孤僻、缺爱、缺钱、缺安全感，混得不像个人样，全是你们害的！他们把责任推得干干净净，自己则继续躲起来，缩成一团，拒绝成长。

对于自我能量缺乏的人而言，现在的状态再差，也是熟悉的、安全的，而改变才是可怕的、痛苦的。

"全世界只有我最痛苦"，是一种自恋满足。

无论是最"好"还是最"坏"，都意味着独一无二、有着特殊的对待，这种"特别"能让人产生自我价值感。小芸就认为，她是最不幸的女人。可是，天下没有定制的痛苦，她只是选择用这种方式屏蔽别人的苦难，专心反刍自己的痛苦。

02

把阴影留在身后

／

浸泡在痛苦里的人,在享受痛苦保护的同时,也要付出代价。选择只看见事物的阴暗面,就会错过它美好的一面:咒骂着原生家庭的,可能只看到了父母曾经的过失,却看不见父母的恩情;在感情里遭受过创伤的,也许只记得对方带来的伤害,却不记得爱情的美好;经历过天灾人祸的,只会抱怨老天的不公,却想不起人生也曾被幸运眷顾过。

痛苦越咀嚼,越有味。不断放大的情绪让意识范围变得狭窄,人无法看清事情的全貌,就容易走上极端。

小芸告诉我,她好像被命运掐住了脖子,只能在痛苦的泥沼中挣扎,却越陷越深。我说:"也许是你看不到还有其他的选择,所以拱手让出了自由。"

有网友分享自己的经历:当初与前妻的离婚夺子大战,各种狗血剧情将自己硬生生折腾成了一个颓废邋遢的中年大叔。

他带着一身伤,消失在大家眼里,低迷了很久。花了一些时间舔舐伤口后,他选择从痛苦中涅槃,潇洒归来。经过沉淀的他,用痛苦赠予的灵感塑造了一个张力十足的剧本,完成了职业转型,成功打开了新事业的大门。

另一位网友则饱受原生家庭之痛：她从小不被父母待见，受尽了冷落和委屈。长大后从事销售工作，事业如日中天，却在生病急需手术时，储蓄被母亲席卷一空。好不容易借钱治好病，刚想重新发展事业，父母却为了钱故意造谣她私生活混乱，将她的事业毁于一旦。

一连串来自至亲的打击，足以让她怀疑人生，她也完全可以将事业失败、人生坎坷归咎于父母，从此自暴自弃，但她选择了放下一切，一边自我疗愈，一边积蓄力量，再一次重新开始。五年之后，她开了自己的公司，状态比从前更平和、饱满，事业经营得风生水起。

南非前总统曼德拉说："若不能把痛苦与怨恨留在身后，那么其实我仍在狱中。"

不要被痛苦囚禁了自由，向着远方的光明奔跑，把痛苦的阴影留在身后，人生下半场，一切仍大有可为。

03
穿越痛苦的姿态

/

走吧，走吧，人生难免经历苦痛挣扎。滞留在痛苦中，犹如被毒液浸泡的花，无法活出生命力，只有穿越痛苦，才能收获生命赠予的珍贵礼物。

低谷时期，我们该如何与痛苦相处？

①觉察

痛苦与其他情绪一样，有自己的生命周期，有生也有灭。

当它呼啸而来的时候，给它一些时间，看见它、接纳它、放下它。但是如果长时间地沉溺其中，就需要自我觉察：究竟是痛苦周期真有这么长、这么难挨，还是自己缺乏改变的勇气和力量，自愿选择留在痛苦中？

②停止反刍

如果觉察到自己正在强迫性回忆，不断地喂养痛苦，滋养它成长，那么最关键的一步就是停止反刍。

你可以做一些有意义的行为来调整注意力，比如宣泄和表达。

台湾知名作家罗兰曾说："我会在痛苦还没有消失的时候，把眼泪化成诗歌或者故事。而痛苦就在我打算把它写成故事的那一刻，离开了现实，终于淡去，离远了。"

除了写作，还可以画画、写字、弹琴、唱歌、舞蹈，任何一种表达都可以把那些不能言说的复杂感受条理化、意识化，打个包，从心底深处递送上来。

处理好了痛苦的情绪，自我的力量就会释放出来，这便是疗愈。比如做一些与未来相关的事：制作一份旅行计划，订一张偶像的演唱会门票，完成一项手头的工作……这份预定的满足和快乐，会把你从回忆的沼泽里拉出来，送向充满期待的未来。

当然，你还可以寻求其他人的支持，借一些力量来自我滋养，走出深渊。

③反思和成长

当你真的穿越痛苦之后，将拥有更宏大、整合的视角来看待曾经发生过的一切，痛苦给予的经验和反思将作为一份馈赠融入你的生命。而此时，你才能真正领悟痛苦的意义。

华晨宇唱道："开始仰望未来，伤疤就丢给回忆吧，放下才得到更好啊。"愿我们都能从痛苦中穿行而过，重新拥有发光的人生。

接纳并享受平凡的人，
更容易获得幸福

辩论类综艺节目《奇葩说》第六季收官之时，终极辩题"终其一生只是个平凡人，你后悔吗"直击心灵，引发热议。

看到这个题目的时候，我其实有些困惑：平凡人的定义究竟是什么？为此我专门去查了下词典，词典对此给出的释义是：平常的人、普通的人、不出众的平民百姓。也就是指个人能力、贡献和特点都很平凡的人。

与之相反的是伟人、英雄、名人或者成功人士，总之，是在社会上或者某一范围内脱颖而出、卓尔不群、引人注目和引发赞誉的人物。一旦打上这个社会烙印，人生似乎就被盛装加冕，变得隆重、璀璨、可圈可点起来。

相比之下，平凡的人生是多么无聊又黯淡啊。

所以，该辩题讨论的其实是两层意思：你能接受自己是个相貌平平、资质平平、运道平平，最终也不能成大器的普通人吗？这平平无奇的人生，你是否感觉值得一过？

01
我们有多害怕平凡

/

去年年底的时候，和一位很久不见的朋友吃饭。

她是我的大学同学，有一些写作功底，非常喜欢写小说，也拿过一些奖，坚信自己有一天能写出畅销全球的小说，成为知名作家。

毕业之后，她换了好几家单位，后来结婚了，索性把工作辞了，在家专心搞创作。这期间她写了几部作品，却多次被出版社婉拒，婆家催着生孩子，她也一拖再拖，加上自己没有经济来源，很快家里就争吵不断，乱成一团。老公提出离婚，她不愿意。她很委屈："我只是想实现自己的梦想，我做错了什么？"

我点点头："有梦想没错，可生活也要继续呀。可不可以一边工作、生子，一边写作呢？"她叹了口气："工作和孩子会分走我大部分的精力，就没法儿写作了，我不想变成一个平凡又普通的女人。"在她眼里，这比离婚更让她痛苦。

平凡对我们来说意味着什么呢？

是幼儿园时,害羞、胆小、没才艺的"不出众";

是读书时,中不溜秋的成绩和默默无闻的个性;

是高考时,拼尽了全力也只考上的普通学校;

是大学时,挂科、失恋、虚度的光阴和未来的迷茫;

是工作时,浑浑噩噩却又不得不养家糊口的无奈;

是结婚后,柴米油盐、房贷车贷、奶娃哄娃的一地鸡毛;

……

总之,"平凡"这个词在我们的语境中是带有贬义色彩的。

不妨回忆一下王安石在《伤仲永》里的那句:"又七年,还自扬州,复到舅家问焉,曰'泯然众人矣'。"细细品一品,是不是有一股子遗憾、可惜、恨铁不成钢的味道?

平凡一词就像一致的分母,没意义、没价值、没出息。而为了摆脱"平凡",大家也可谓不遗余力,随手翻翻各网站,随处可见:

"怎样能在高三迅速提高成绩,考上985高校或211高校?"

"怎样创业,能让自己成功?"

"怎样成为所在领域的精英?"

"怎样养出优秀的孩子?"

……

诸如此类,不胜枚举。

毛不易在歌里唱道:"像我这样不甘平凡的人,世界上有多少人？"

不允许自己平凡的背后，是恐惧和焦虑：害怕自己淹没在人群之中，丧失了存在感，就像死亡一样。

02
天选之子的执念

/

BBC纪录片《人生七年》（日本版），花了半个世纪的时间，跟踪14个7岁孩子的人生轨迹，每隔7年采访一次。

7岁那年接受采访时，孩子们的梦想都很华丽："我想当明星。""我想成为职业棒球运动员。""当然是著名的钢琴家。"……他们笑容天真，眼里闪着光。

小时候，几乎每一个人都认为自己是最特别的。因为心智发育还不成熟，婴儿时期保留下来的全能自恋让理想可以毫无疆界地驰骋，此外，父母不得要领的夸赞，也巩固了孩子的原始自恋，而对于"立大志"的鼓励，又进一步引导理想自我的膨胀。这个阶段，孩子不分理想和现实，就如看了仙侠片后就深信自己也会拥有同款法术一样，一种意识深深埋在他们心底：我怎么可能是平凡人呢？我可是天选之子！

人们对不平凡的执念，还有一层原因。

一位创业失败、有自杀倾向的来访者，这样告诉咨询师："我有个哥哥从小就比我优秀。我活在他的光环之下，从来得不到青睐的目光，没有丝毫存在感。我只有变得成功、不凡，才能解脱。这是我唯一的机会，可是我失败了，我觉得我活着没有意义了。"

很多父母无意识中会选择性地对待孩子：当孩子表现得杰出、优秀时，满眼都是爱和温柔；反之，则是掩饰不住的失望，以及情感的大门紧闭。孩子能够敏锐地察觉到这种"偏见"，为了能被父母看见，为了获得肯定和资源，他只有一个选择：顺从父母的心意，让自己变得不平凡。

原生家庭里的这种逻辑，事实上也会在社会中复刻。有一种价值观是：世界只会记住第一名，第二名的存在是没有意义的。也就是说，只有不平凡，才会被看见和铭记。因为被看见，精英阶层能够获得更丰厚的回报、更丰沛的资源、更丰富的关系；而无名之辈们，只能默默争取、默默放弃，最终默默地被遗忘在角落。

"我是天选之子啊，怎么能够被忽略和遗忘？"于是，在这样大、中、小系统的精密运作之下，我们开始无法忍受平凡的耻辱，走上了不平凡的征途。

"35岁以前，如果我还不能脱离平凡，那我就自杀。"这是梁晓声在《郁闷的中国人》中提到的一名大学生的心声。

03

梦醒时分的痛苦

/

如果在理想化的道路上一去不返,人生会走向病态。好在世界凭借着各种客观规律,发明了一套"矫正机制"。于是,当膨胀的理想触及现实的边界,就会屡屡碰壁,反弹回来一些信息,迫使我们认清真实的自己。

电影《无名之辈》里的胡广生,从小的理想就是成为悍匪里的佼佼者,做大、做强,成为他心目中不平凡的大人物。但是,现实却频频予以他痛击:抢劫只敢抢手机店,一番操作猛如虎,到手一堆模型机;怕疼怕得要命,上个药膏都能夸张得浑身抽搐战栗;被人质一次次地挑战底线、故意激怒,枪都抵在脑门了,最后却怂了;甚至连"眼镜"这个行走江湖的绰号的来历,也是吹牛杜撰——捡了条死眼镜蛇,糊弄群众得来的。

胡广生有两次崩溃的瞬间:第一次是看到电视里的报道,被人嘲讽为抢模型机的"憨匪"时;第二次是在救护车里和别人对峙,受烟花鸣放的影响,一哆嗦扣下扳机,误伤了枪里没子弹的马先勇。胡广生懊悔、内疚、不可置信,怒吼着被耍了。被警察按倒在地上,痛哭流涕的那一刻,他终于彻底接受了自己的无勇、无谋、胆小和懦弱。不平凡的"悍匪之梦",彻底碎了。

再来看看《人生七年》中的那几个小朋友。

好强的学霸由美没去成出版社，只成了一名自助餐厅的营养师；接受精英教育的贵子没考上满意的学校，费了很大功夫才当上空姐；只有想成为职业棒球运动员的三重，凭着天赋和汗水的加持、父母无条件的支持，在棒球队取得了不错的成绩，朝着理想步步靠近，可最终却在几年后意外退出，进入了父亲的印刷厂工作，只留下一句耐人寻味的话："有些事是没有定数的。"

梦醒的过程是痛苦的，足以令人哀命运之坎坷，叹人生之不幸；也充满了戏谑和讽刺，那是高度自恋破灭时的味道。我们在痛苦中看见了自己的局限，身体、资质、运气、阶级，全都布满着无法逾越的沟壑。

于是，有些人开始接纳现实，调整自恋，规规矩矩地在边界内奔走；有些人愤愤不甘地死磕，继续碰得头破血流；还有些人被迫收敛了自恋，却把对不平凡的期待投射给了孩子。

04
一个真相

/

从标准正态分布来看，99.7%的数值分布在距离平均值3个标准差之内，也就是说，真正的天选之子不足0.3%。所以，事实的真相就是：如无意外，我们终将是平凡的绝大多数。

但是，谁说平凡就意味着平庸和无聊呢？

有人浑浑噩噩，也有人其乐无穷。即便是常规的人生模板，也依然可以在局限之内自由挥洒，创造出一些不同。比如，曾经被大家嘲笑理想是家庭主妇的女同学，活成了让很多人羡慕的样子：不仅把家打理得井井有条，让家人幸福感爆棚，对她宠爱无限，还凭借多年练就的一手好厨艺，在老公的帮助之下成了一名美食博主，小事业做得风生水起。

你看，那些乐于享受平凡的人，反倒把日子过得有滋有味，充满爱和诗意，以及种种小惊喜。这是因为他们拥有了整合理想与现实的能力，能够灵活地调整预期和目标。他们的心态更加平和、稳定，因而也更容易获得幸福和满足。

就如《奇葩说》中邱晨所说："人的一生很短，有些高山我们永远无法企及，那就远远看看也行。以及看看自己周围，有哪些值得爬爬的小山。"

当然，非凡也好，平凡也罢，其实都是充满未知的终极状态。大器晚成的人有很多，不到最后一刻，谁知道我是不是那个"意外"呢？其关键就在于，在通向结果的旅程之中，你有没有纵情驰骋人生：投入喜欢的事情，充分释放攻击性，适时、适当地调适边界和方向；享受爱与被爱，在体验中不断得到滋养；追寻饱满的人格，看见和接纳真实的自己。

这样，即使最后没达成目标，也将人生过得有滋有味。还有什么可后悔的呢？

第二章

克制负面情绪,
从来都不靠忍

别让1%的情绪失控，毁了你99%的努力

在网上看到一个故事：

一个女孩，出身农村，资质平平，却凭借亮眼的外形，意外地成了一名模特，之后一发不可收拾，人气冲天，事业扶摇直上。但因为业务能力不够强，在事业快速发展的三年里，也屡屡被质疑、被谩骂，这让她非常焦虑，经常当众哭泣，也因此越发受到争议。在一次演出结束后，这个女孩进行了三分钟的发言，没有技巧、没有客套，还是伴随着熟悉的崩溃和大哭，却意外戳中了不少人。她其中有一句话："我觉得像我这样愚笨的人，都能有运气，能够成功，那么大家也都不要放弃，因为老天可能就是喜欢你。"对此，很多网友都说，听到这句话"仿佛触电了一般"。网友们"触电"的原因在于，对照这位女孩，蓦然发现自己过去对于"笨小孩"的理解好像有一点儿误会。

我们以为的笨小孩，是知道自己起点低，所以要加倍努力，笨鸟先飞，只有慢慢优秀起来，才有未来；而女孩带来的诠释则是：你就算笨，就算干啥啥不行，就算飞也飞不起来，却也有机会得到老天的爱，也能有未来。

一般来说，拥有"锦鲤体质"的人，很容易引起众人的忌妒，尤其是容易刺痛那些又努力又优秀却不得志的人，而女孩，却给人们送来了一剂清神醒脑的安慰，点化了不少有缘人。

01
把努力写在脸上的人
/

拥有这个女孩的这种运气的人少之又少，这世界上大部分都是在默默努力的"笨小孩"。

比如我的朋友小徐，她努力到什么程度呢？为了参加当地一个表演，她提前一个月就开始用心准备：背沙袋、压腿、练体能，为了稳定气息，她还和舞蹈老师提出要边跑步边唱歌，总之就是反复进行高强度训练。后来，她的舞台首秀果然惊艳全场，斩获全场最高分。小徐这个人，不论是工作，还是比赛，就连钢琴、读书、健身这些业余爱好，也被她列入年度计划，严格打卡，这才造就了她样样精通的"十八般武艺"。

如小徐这般的人都有一个特点，他们相信"人定胜天"。因为从努力中获取了足够多的掌控感，会形成一种感觉：只要努力，没有什么是做不成的。这可以说是一种自信，也可以说是一种自恋。正因如此，小徐在人际关系中也经常会遇到些小麻烦。

有一次，团队要汇报一个项目，作为组长的小徐想以中、英、日三种语言来呈现，因此提议没有日语基础的同事要在十天之内快速学成，这搞得组员们压力巨大，甚至私下里表示"想辞职不干了"，而小徐个人也因此遭受到很多同事的非议。其实，小徐只是把自己的"掌控感"投射给了别人，正如她所说："我通过努力可以，你们也一定可以。"

相对而言，努力了就有收获的人，是幸运的，也许自恋程度相对会高一些，但这没什么问题，而努力了却不如意，就比较痛苦了。有一个网友参加了6次公务员考试，每一次都特别认真地备考，不见朋友也没有任何娱乐活动，各类补习班学习投入将近五六万，可连面试都没进过。后来他的心态崩了，自暴自弃，性格也变得暴戾而古怪，逢人就说："我运气太差，命不好。"

我们身边，类似的例子很常见：努力学习却挂科的，努力经营却离婚的，努力工作却被辞退的，努力改善却越来越糟的。努力却得不到回报的人，由于无法获取掌控感，就会陷入混乱失序的境地，自恋也在反复挫败中受损，内心倍感无力。这可能导致两个后果：一是自我攻击，认为自己是不好的、不配的；二是向外攻击，怨天尤人，认为老天是不公平的、偏心的，于是顺理成章地分出去一部分痛苦，呈现出来就是一种负能量爆棚的状态。更糟糕的是，这会影响到自己的基本信念：整个世界都变得不好、不安全了。

02
另一种笨小孩

／

那位模特女孩其实也努力，但属于努力了没什么成效的那类人。否则，她就不会在发言时痛哭流涕："我每天都要爬起来走台、练习，真的好焦虑，我的脚上全是水泡，可业务能力还是不行。但是我真的练了好久，可一上台我就错，我也不知道这到底是为什么……"

她每次都在哭，每次都在被骂，但这并没妨碍她一路跌跌撞撞走来，站在了舞台中央。她比很多暗自努力、暗自神伤、暗自隐忍，最终不是在沉默中爆发，就是在沉默中灭亡的人，要瓷实得多。

除了长得好看，她其实赢在难得的好心态。

首先，是自我接纳。

同样承认自己是"笨小孩",模特女孩是接纳事实:我业务能力确实不行,不是这块料。可她并没有上升至攻击自我人格的层面:我太差劲了,就是一个垃圾,别丢人现眼了。这样,她才有机会看见自己的优势,比如外形有特色、性格率真、镜头感好等,才有空间去容纳他人的鼓励和帮助,才可能继续在迷茫中前进,甚至还敢大大方方地示弱,"焦虑与眼泪齐飞,自黑共脆弱一色"。由于没有自我攻击,就不会将外界投射成敌意,也不会被恶意轻易中伤,这是人格强大的表现。相反,有些人骂自己笨,是在自我贬低,属于伤害而非接纳,所以别人一戳就爆。

其次,是好的信念。

我有一个朋友,从小运气爆棚,每次大考都有如神助,成绩平平的他一路绿灯读到了博士。问他有何秘诀?他嘿嘿一笑:"没啥,就是相信自己的运气。"

有个挺玄乎的"吸引力法则",即你相信什么,就会吸引来什么。从精神分析角度来说,信念其实是一种自我暗示,会对潜意识产生影响。"相信老天爱自己",这是一种了不起的力量:确信被无条件地爱着,我不必先努力"飞"到某个程度才能得到老天的爱,哪怕我一直是只笨鸟,老天也喜欢我。

被偏爱的人有恃无恐,当这股力量真的为你所用时,所有的恐惧都消失了。你会认为世界是好的、安全的,自己是值得被爱的,在安全感的加持之下,披荆斩棘、乘风破浪,命运的爱意也就在"吸引"之下滚滚而来。

最后,是整合现实。

"相信老天爱自己"之后,就有把自己托付给老天的勇气,"天人系统"中"天"的那一部分功能才会开始运作。在这个系统中,承受失控的能力会增强,因为我控制不了的,还有爱我的"老天"会帮我,或者"老天"会给出更好的安排。于是,努力不再是一种绝对控制,"尽人事,听天命"的随顺和不执着,才是与现实的整合。

就像模特女孩,努力了,没效果,那就踏实做好自己,其他交给老天吧,结果还真让她成功了。

03
可复刻的"王炸"心态

当然,努力本身没有错,但对待努力的态度却会决定你是被内耗拖垮,还是有一个相对灵活、平衡、可调节的空间。

有一句话:"这世界不缺努力的人,缺持续努力的人。"这个"持续"的背后,一定有东西在支撑,可能是那种"你说我不行我偏要行给你看"的偏执劲儿,也可能是"老天就是爱我"的底气。相对而言,后一种方式可能更轻松、愉悦一些。

我认识一个保险业务员，他就是这样的人。从当初每天刷街、刷楼，到后来的微信营销、社群营销，他不停尝试新的方式，并且对每一位客户都非常用心，他会清楚地记得客户和其家属的生日，会提前准备礼物问候，还会经常为这些人提供一些力所能及的帮助。他说："我很笨，也不知道哪种方式好，哪种不好，那么多做一点儿、真诚一点儿，总没错。"

这是他作为传统"笨小孩"努力的部分。同时，他还有着"另一种笨小孩"的心态。

"我不是天生懂推销……我努力让客户慢慢接受我。""成功不是必然的，努力是必须的。"他最爱唱的歌是《笨小孩》："向着天空拜一拜呀，别想不开，老天自有安排，老天爱笨小孩。"

自我接纳、好的信念、"天人系统"的平衡与整合一应俱全，使得他的努力变得可持续，支持着他从"笨小孩"一路直奔销售总监，还创办了自己的工作室。

所以，当努力无法为你带来快乐，反而充满压抑和愤懑时，不如借鉴一下这样的心态吧：接纳自己的傻、笨和暂时的落后；做好你的99%，剩下的1%交给老天；最重要的是要无条件地相信：老天就是爱你，一直都会宠幸你，哪怕是挫折，那也是"天将降大任"之前送你的礼物。

希望亲爱的你能打出这个"王炸"，先快乐起来，然后拍拍灰尘，整装再出发。

当连崩溃都静默无声时，你还能撑多久

《少年的你》里有个镜头，小北和陈念在监狱隔着玻璃对视，全程静默无语，只有复杂的表情、交织的眼神和炽热的泪水。

看到这个"名场面"时，我偷偷望了一眼四周，很多人都在低头擦眼泪。那一刻我有些出戏地想：一群成年人，在别人的故事里，为着与自己毫不相干的两个少年泪洒当下，而当电影散场，回到现实，穿上坚硬的铠甲，我们又得继续在自己的故事里扮演合格的成年人，努力和眼泪保持距离。

郑警官在电影里说："长大就像跳水，不论河里有石头、沙砾、河蚌，什么也不想，跳下去。"有人做了后半句的补充理解：也许磕着疼，但不会怕，也不会哭，你就长大了。

哭，仿佛成了每个人成年的牺牲品。

01
长大以后，就不会哭了
/

说来有趣，我们常常为电影里的人物泪流不止，但对于身边的人，却鲜有共情。

当一个人哭唧唧地出现在你面前，抛开面子上的安慰和客套，你的真实想法可能是："好烦，搅得我心神不宁。""这么脆弱，像什么样子！""哭能解决问题吗？"……顺便还要再强化一下"我多么成熟优秀"的自恋感。

在集体潜意识中，哭代表无能、软弱、怯懦，是没出息的小孩儿和弱女子的专属。这种深入骨髓的偏见，拼接成了一个苛刻的社会环境，人人都想成为强者，而脆弱和哀伤不被允许、理解和涵容。

其实，讨厌别人哭，是因为害怕。一是害怕认同这种方式，会将自己变为同一类人；二是害怕早年沉寂的创伤和苦苦压抑的情绪，会因为镜像神经元而触发共情，进而被勾连出来；三是害怕没人愿意接住这些强烈的感受。我们深知，一旦闸口打开，将泛滥成灾，无人可救，于是潜意识匆忙选择防御、回避和逃离。

所以，不是不会共情，而是根本不敢共情。

面对自己时，就更加狡猾了，一边自我哄骗"多大点儿事啊"，一边祭出各种大招：工作麻痹、酒精麻醉、夜店狂嗨、疯狂购物、朋友聚会、旅行艳遇……谁会用"哭"这么小儿科的把戏呢？看看我的处理多么的成熟高级。

在这些所谓成人化的方式里，我们压制情绪、转移精力、平复心态，然后，生活的车辙继续滚滚向前。看，又扛过去了，一切安然无恙。

直到有一天，无意中被某些小事击中：可能是急着给女友送钥匙骑车逆行，被交警拦下；可能是一个人在厨房做饭，突然停电，四周一片漆黑；可能是看着电影，看到少年纯真的眼神和坚决的样子……于是，崩溃大哭就这么猝不及防地来了。

成年人的崩溃点似乎都有点儿奇怪：那么多大风大浪都面不改色地过去了，怎么总是在细节上功亏一篑呢？

有人说："生活像一个巨大的枷锁，人被困在里面，稍微动一下就会流出血来。"这是因为那些积攒的伤疤从未痊愈，它在暗处鲜血淋漓地等待一个扳机点，伺机喷涌而出。

02
哭有什么用？

/

哭有什么用？

小时候，父母将无力抱持的情绪，一把推还给我们："哭哭哭，整天就知道哭，哭有什么用？"

长大以后，这个声音内化成了自身的一部分，在自我脆弱的时刻不停叫嚣，发动自我攻击，直到把眼泪憋回去。

婴儿初来人世，最先习得的就是哭：从生理角度，是肺部呼吸的需要；从心理角度，既是通过哭来表达对熟悉子宫的分离之痛、对陌生环境的恐惧，也是在表达自己的需要，呼唤母亲的关爱和照顾。这种最原始的情绪表达方式，却在成年之后被无情地隔离，哪怕是内心充满无力、恐惧、哀伤和呼唤的时刻。直至某个情境，情绪被唤起，层层堆叠的糟糕体验以一种更复杂的样貌卷土重来，使我们瞬间溃不成军。更坏的结果，还可能导致动力系统的摧毁。

一个抑郁症患者这样形容他的状态：活在暗无天日的凛冬，荒凉、贫瘠，与外界隔着密不透风的墙，丧失了生命力。这堵墙，就是由大量未经处理、压抑着的强烈情绪浇铸凝固而成的。

哭也许无法直接解决问题，但却是营造空间、处理情绪、接纳现实的重要手段之一。

《头脑特工队》里的 Sadness（忧忧），一开始没人知道她存在的意义是什么，认为主人 Riley 只需要被保护，于是四个情绪小人分管四个部分：Joy（乐乐）保护快乐，Anger（愤怒）保护公平，Disgust（厌厌）保护独立，Fear（怕怕）保护安全。只有 Sadness 的出现，会给主人带来眼泪和悲伤，于是被众人一致忽视和排斥。可是，最终主人 Riley 经历混乱到成长，却是由 Sadness 的归位带来的。五种情绪的整合，代表着卸下对哀伤的防御，正视和接纳痛苦，并从抑郁位获取领悟、养分和力量。

刘若英在歌里动容地唱着："后来，终于在眼泪中明白，有些人一旦错过就不在。"爱情也好，人生也罢，只有在哭泣中尽情哀悼之后，才可能告别、放下、反思和成长。

03
成年人的必修课

当然，我们也该理解成年人的处境。

一个朋友说，有段时间，自己刚离婚没多久，父亲便去世了，又碰上公司裁员，生活鸡飞狗跳，每天心情复杂，压力特别大，夜夜失眠，梦魇缠身。但为了不影响孩子，她每天回家都在停好的车里呆坐半小时，对着镜子调整好状态再上楼。推开门那一刻，满脸的轻松愉悦，撒开手："来，我的乖儿子。"面对家人的关心，她也只淡淡地说着"没事"。

她叹了口气："崩溃和眼泪对我来说，是一种奢侈。"

有人说，能崩溃还算是幸运的，说明背后有人托底。如果身后真的空无一人，那就只能硬撑着往前爬，因为一旦崩溃，就相当于自我毁灭。

那些扛满了责任的成年人，生怕崩溃大哭一场之后，某根弦就松了，再也扛不起来。

仔细想想，这其实也是一种深深的不信任，不信任自己能处理好强烈、复杂的情绪；不信任可以获得安全、充分的支持；不信任心理状态的弹性和复原力；也不信任失控之后还能重建秩序。

沉重坚硬的壳里，装着的依然是那个在情绪面前惊恐地蜷缩着、单薄而脆弱的内在小孩。

真正的成熟应该由内及外，其中很重要的一点便是：允许看见自己的情绪，接纳脆弱、丧失和哀伤，并与之联结。

哭不是目的，而是表达复杂情绪的一种基本方式，情绪只有表达出来，才可能被意识化、被看见、被接纳、被处理。虽然这种方式原始、低级，但却行之有效。

我们需要的是为自己营造一个安全、涵容的环境，赤裸地去展示和面对脆弱，真诚地去呼唤关照：可以是哄孩子入睡之后，关好卧室的门，点上暖色的灯，躺在爱人的胸口放松、倾诉、尽情流泪；可以是找一间安静人少的咖啡厅，抱着闺密，什么都不想，什么都不做，好好地哭个痛快；或者是很多人所热衷的，趁夜深人静之时，一个人蒙着被子放声大哭。

当然，还可以通过其他方式来表达和呈现情绪，比如写作、绘画以及其他艺术创作。这些方式和"哭"的作用类似,能够支撑起一个空间,让真实的情绪流动起来,从潜意识层面流到意识层面。只不过,它们更有秩序、灵感和完整性,是更高阶的方式。

小北的扮演者易烊千玺,遇事时会把自己关在房子里写书法,一写就是一个下午,写完心境平和,万物归宗。这个前途无量的光环少年,用他的理解和方式开启了成人世界的大门。

成年人的必修课,不是放弃哭泣、一味隐忍,乔装着一戳就破的强大,而是学会处理情绪,整合四分五裂的内心,并从中不断汲取和释放新的能量。

内外统整、身心协调的成熟,才是决战世界的终极武器。

能愉快地表达愤怒，才能有更舒畅的感受

01

没脾气的人

/

浏览网站时，在一个讨论"你为什么下决心离婚"的帖子里，看到一个热度很高的故事：

A与老公相识2年，结婚1年，原本正在积极备孕。

老公老实本分，脾气很好，从不与人红脸争执，对她也是呵护备至，几乎从不对她说"不"。A性格有些强势，但老公包容她的一切任性和缺点，她一度以为自己很幸运。直至启动备孕，A才开始感觉不对劲。

老公有脂肪肝，医生建议他健康饮食、少熬夜、多运动，A

就给老公制订了严格的计划,老公也一如往常地满口答应了。可接下来的日子,老公仍然隔三岔五地和朋友喝酒,几乎每晚都有做不完的工作,不到凌晨一两点不上床,运动上更是每周锻炼不到半小时便草草了事。一开始,A觉得可能是老公不习惯,于是耐心强调计划的重要性,老公频频点头,深表认同。可没过两天,一切照旧。

终于,A爆发了,情绪激动地大闹了一次,怒斥老公没有责任心,对自己和后代不负责,也丝毫不在意自己的感受。老公依然没有脾气,甚至非常悔恨,还写了保证书。这一次,坚持了一周。

在无数次的争吵中,A疲惫了。细细回忆起来,这几年里,老公对她几乎有求必应,但类似这样只是"应允"无法"应验"的时候,还真不少,要么忘记,要么拖延,承诺补给她的婚纱照,一直到离婚都没有实现。

"答应我的事情,为什么总是做不到。这种感觉太糟糕了,我觉得他是故意的。明明是个老实人,撒谎都会脸红,可是我却对他丧失信任了。"

在这个故事里,A感受到的敌意其实是真实存在的,只不过它狡猾地乔装打扮了一番,变成了"被动攻击"。

02
诡异的愤怒

/

被动攻击,是表达愤怒和攻击性的一种方式,其特点是消极、恶劣、隐蔽。它可以被有意识地利用,作为愤怒后一种高级的报复手段:精准打击对方的痛点,引起其强烈的不爽,由于抓不到明显破绽,对方还要承担无法还击的无力感。

比如,工作中,有人对领导表面上毕恭毕敬,凡事服从,可暗地里不积极、不配合,甚至拖团队的后腿。

比如,亲密关系里,有人一言不合就不回消息、不理人,也不表达情绪,无比冷漠。

比如,朋友之间,有人看上去和蔼可亲,可时不时绵里藏针,让人浑身不舒服。

你以为是自己多心了,可人家正在不声不响地向你"开炮"。

听上去颇为阴险狡猾,但是,因为可以被意识和察觉到,在这种情况里,攻击原因是可追溯的,攻击对象、时间、程度也是可控的。

最危险的是受潜意识驱使的"被动攻击",它多了一个属性:不自知。

A 的老公就是如此。

他不知道自己正在攻击 A，更不知道为何以及何时攻击了 A。哪怕是 A 找他对质"你为什么一直这样，答应我却又食言，你是不是故意的"时，他仍然是懊恼、悔恨却又无能为力的："我为什么要故意伤害你啊？我爱你都来不及！我也好恨自己，为什么总是这样！"

于是，两人只能重新陷入重重迷雾。而 A 注定要在黑暗中，继续被不能确定、不能识别、不能控制的攻击埋伏得措手不及，毫无防御之力，也毫无解决之道。

这种被动攻击，是很多没有脾气的"老好人"的标配。由于对"好人"的自我认同，他们无力承认发动攻击；又由于拥有良好的口碑，别人识别起来难度也很高。攻击者迷惑、无助，被攻击者恐惧、不安，所有这些情绪最终指向了关系的破裂。

除了被动攻击之外，有的人甚至蓄力了一项终极大招：毁灭式爆发。

很多新闻中灭门案的凶犯，平时都是"老实木讷、不善言辞、彬彬有礼"的"老好人"，但他们往往拥有"不鸣则已，一鸣惊人"的神秘力量。

03
被压抑的攻击性

/

弗洛伊德认为,性和攻击是人类的两大基本欲望和动力。所以,没有没脾气的"老好人",只有压抑了脾气的"假好人"。

这些被压抑的能量不会消失,而是进入潜意识,以更丑陋的、不易被察觉的方式发泄出来,要么成为"诡异的愤怒",攻击别人,要么成为"莫名的抑郁",攻击自己。

遗憾的是,现实生活中,不敢表达愤怒的人比比皆是。

为什么对他们而言,表达愤怒如此之难?

先来看一个案例:

一个母亲带着儿子来咨询,说孩子最近很不听话,不仅学习一落千丈,还经常跟他们"对着干"。比如,越是让他写作业,他越是偷偷打游戏;越是催他快点儿洗漱去上辅导班,他越是拖延迟到;越是让他早点儿睡觉,他越是看电视到凌晨。

咨询师注意到,一边是母亲在怒斥,一边是孩子的欲言又止。于是咨询师问孩子:"你有什么想说的吗?"孩子犹豫了很久,用很小的声音说:"他们管得太严了,我不喜欢……"话音未落,母亲就激动起来:"你还有意见了?我们管得严是为你好,你怎么这么不懂事呢!"孩子只能怯生生地低下头,不再说话。

从这个细节可以看出这对母子的日常互动模式：母亲强势，而孩子的攻击性不被祝福。这会让孩子产生两种主要体验：

①表达攻击性是灾难性的

表达愤怒和不满之后，会惹来妈妈的责骂和反击，面对妈妈的敌意，孩子面临巨大的被抛弃感，这是致命的恐惧。

②表达攻击性是羞耻和罪恶的

妈妈激烈的情绪，让孩子觉得在进行攻击之后妈妈是脆弱而破碎的，这会激起孩子深深的愧疚感。

于是，孩子不仅不敢表达攻击，也无法习得处理愤怒的方法，只能任由其在潜意识中堆积，出现被动攻击的苗头。

当这种糟糕的客体经验被内化之后，复制到其他人际关系中，就成了"A的老公"或其他没脾气的"老好人"。

这类人在任何时候都觉得表达攻击是一件可怕的事情，于是努力回避它可能带来的万劫不复，实在回避不了了，就干脆来一场大爆发，直奔万劫不复。并且，由于攻击性不仅表现为原始的愤怒情绪，还与升华后的竞争、赚钱等能力相关，甚至影响到生命力的舒展，因此，一并被压抑的结果很可能是换来一个憋屈、无聊、荒芜的人生。

04
愤怒的正确打开方式

/

重新建立一段新的关系，获取新的客体经验是一个不错的方式。

比如，足够幸运地遇到一个好的伴侣、好的亲密朋友，或者找到一个适合自己又足够专业的咨询师。在新的关系里，你的愤怒和攻击被允许、被抱持：原来自己不会被抛弃，对方不会破碎，关系也没想象中那么不堪一击。甚至，对方还能看到你愤怒背后的情绪，看到那种无力、脆弱和恐惧，并给予深深的理解和共情。慢慢地，这些体验被消化、吸收之后，就在旧的模式里长出了新芽，成为人格的一部分。

除此之外，还有一些小技巧可以在日常生活中勤加练习。

①保持觉察

愤怒是个预警信号，意味着有人正在入侵你的个人边界，就像皮肤正在被划破一样。

比如，当被人强迫去做一件自己不喜欢的事情时，内心的抗拒、焦虑、屈辱、痛苦等各种情绪搅成一团，愤怒感就产生了。因为自己的世界被喧宾夺主了，丧失了自主权。

尝试去和这个不舒服的感受待一会儿，看见、感受和尊重它的存在，而不是立刻去否认、屏蔽和忽视。

②表达感受

接下来，试着用一种安全有效的方式把这种感受说出来。安全有效，是指语气平和，且不带评判色彩。

"也许你很期待我这样做，但说实话，我不喜欢做这件事，这让我很难受，也很愤怒。"这样能让对方关注到你的感受，而不被敌意的态度或话语激怒，就此陷入无效的混战，同时会感觉到你的边界是坚固而有力的，从而退回到合理的位置。这样，新的空间就被创造出来了。

③提出需求或建议

这是很重要的一步，也是避免下次侵犯或者协商解决冲突的方式。

"我做不到一周5次锻炼，请你以后不要再这样要求了。但是，一周2—3次也许可以试试。"

当然，这些练习并不容易，尤其是在强势的关系里可能要承受一系列冲击：人设的崩塌、对方的失望、自己的恐惧。但是，也会获得一些令人欣喜的礼物：更强大的自我、更舒畅的感受、更健康的关系。

美国心理学家托马斯·摩尔在《灵魂的黑夜》里有个建议："你最好只和会表达愤怒的人做朋友。"

愿我们都能愉快地表达攻击和愤怒，做彼此的好朋友。

开口求助，
并不是一件可耻的事情

部门新来了一位女同事，有海外留学背景，长得很美，能力也强，据说还是某位高层领导的亲戚。她的到来引发了很多人的私下议论，被吐槽最多的是："她怎么要求这么多？事儿精本精吧！太败好感了！"

确实，这位女同事在职场中有几处"与众不同"的细节表现，比如：发现会议可能要延时时，身体不太舒服的她，主动提出想和别人调换顺序，后来她顺利地和另一组的同事互换了，很快完成了汇报；年会表演节目，前面三位上台之后，都是默默顺从节目组安排，到了她，音乐刚响起，就因耳返声音太大反复喊停，要求节目组调整后，才重新开始表演；有一次加班到深夜，同事们一个个又饿又困，她直接打电话给行政，请他们安排送加班餐补充体力。

在很多人看来,"不麻烦别人是一种美德",而这位女同事这样"自私",就是仗着自己的背景耍大牌。但是,为了不麻烦别人而压抑自己的需求,真的是一件好事吗?

01
压抑带来的灾难

我们来对比两组婆媳关系。

第一组,A 在婆婆面前特别能"忍"。她努力做各种家务,笑着接受婆婆的挑剔,并承诺以后会做得更好,力求做到让婆婆满意。有一次家里来了客人,她忙里忙外,没有一丝怨言,却在接到老公电话时,所有情绪集中爆发,瞬间泣不成声,搞得婆婆莫名其妙,一屋子宾客也不知所措。

在朋友面前谈起婆婆,A 常常泪如雨下,说"觉得婆婆太挑剔",可她却从来不跟婆婆当面沟通自己的想法,她在婆婆面前永远顺从,在背地里永远崩溃。A 有需求吗?当然有,她希望婆婆不那么直接、苛刻、挑剔,希望在累到不行的时候,好好歇上一会儿,更希望能得到婆婆的认可和夸赞。

从心理学上来说,需求是一种内心的冲动和欲望,也是生命驱力的一种表现形式,当被压抑时,自我功能和生命活力是被削弱的。这会带来好几种情绪：委屈、不甘、郁闷、愤怒、遗憾，而这些复杂的情绪也随之被压抑下去。

弗洛伊德曾说："未表达的情绪永远不会消亡，将在未来以更加丑陋的方式涌现。"所以，A的"逆来顺受"和"不敢表达"，并没为她争取到更好的婆媳关系，反而酿成了一场场"风暴"，把关系搞成了"灾难"。

相反，在另一组婆媳组合中，B就很懂得表达需求。吃饭时，她提及在家里按照一家人不同的口味做饭很辛苦，委婉地求表扬。可惜，她老公没听出来，随口说了一句"又不是每天都这么做，偶尔做做而已"，B脸色一沉，明显凤颜不悦，干脆换了表达："我就是想让你们肯定我、赞美我，你们怎么就不能体谅一下呢？"

一个脸色，一句话，把情绪和需求表达得淋漓尽致，我先表达"我想要的"，能不能得来另说，至少我不给自己添堵。结果婆婆很快应声给予了肯定和安抚，B满足又开心。这样，能量在关系中就是流动的，每一个人都得到了舒展，相处起来更轻松。

回到现实层面，不敢表达需求还可能会影响实际利益，这反过来又会强化自我攻击。比如年会上，在女同事之前表演的那三组就影响了各自的发挥，没能拿奖，他们后来表示"我没提出耳返有问题，我不敢说"，后悔之情溢于言表。

02
不敢表达需求的背后

/

为什么不敢表达需求呢？其实，"怕麻烦别人"只是个幌子，背后的真实原因是：害怕体验被人拒绝后的羞耻感，以及由此而产生的不配得感。

一个朋友，和老公结婚一年，看上去挺恩爱，突然有天扔下一封长长的分手信，闹着要离婚。老公看完其中罗列的十几条"罪状"，目瞪口呆，尤其是："我睡眠浅，你晚上把电视开那么大声，我根本睡不着。""我喜欢安静，你却经常带兄弟回家吃吃喝喝，我很烦。"

老公表示很无辜，因为这些情况她平日里从未提起。朋友却说："你有你的生活方式，我不想给你添什么麻烦，合不来就分开好了。"而真实原因是，如果和老公提需求，会有被拒绝的可能，而放在分手信里，借着离婚提出来，就不再是需求，而是一种"控诉"，只用发泄情绪，不必在意回应。

这样的逻辑也存在于很多伴侣之间：平时不好好沟通彼此的需求，吵起架来却不满、怨恨满天飞。在争吵中，未表达的需求都变成了指控，虽然伤感情，却意外地成了有效的沟通方式，吵完架后往往会舒爽一阵子，直到下一轮积攒的需求爆发。这些其实都是在防御"对方接不住自己需求"带来的恐惧：一个来源于童年时期没被父母"好好接住"而埋下的创伤。

比如我的一个朋友成长在单亲家庭里，母亲独自抚养她已经筋疲力尽，很少对她有足够的耐心，经常无缘无故地发脾气。朋友如履薄冰，她不敢向母亲提要求，因为不仅很少能被满足，还要被骂"麻烦精""不懂事"。拒绝和嫌弃，让小小的她感受到耻辱、不被爱，进而体验到无价值、被抛弃感，令她意识到原来表达需求这么可怕。当她将母亲这个客体内化之后，遇到每一个人，潜意识都会认为对方接不住自己的需求，自动关联出相同的互动模式，用压抑来回避焦虑和痛苦。

相反，敢于表达需求的人，则是内化了一个好客体，对于他们而言，世界是完全不同的剧本。就像那位女同事，家世显赫，从小被视若掌上明珠，后来又嫁给富商，被老公宠着，一呼百应，一路"被稳稳接住"的经历浇筑成她的信念：我的需求值得被尊重、被回应、被善待，因而我可以自由表达。

03
改变的机会

/

问题是从原生家庭带来的，还有改变的可能吗？其实，童年只能困住未觉醒和没勇气的人。关于改变,有几个建议可以分享给大家。

首先,要有一种底气。

如果说,有的人的底气来源于"先天优势",那么下文中 B 的底气就全靠后天打磨。

B 出生于一个糟糕的原生家庭,重男轻女的父亲抛妻弃子,她十几岁就开始被迫赚钱养家。所以,在上一段长达 7 年的婚姻中,为了维系脆弱的安全感,她竭尽全力地讨好,一味隐忍和妥协,却依然以离婚收场。庆幸的是,苦难赋予了她觉醒的力量,她开始思考存在的意义,学习接纳自己、爱自己。5 年之后,当比她小 11 岁的男友出现在其生命中时,她已能坦然说出:"等我老去的时候,他依然年轻帅气,但是我相信我值得被爱,他会爱我的内在。"

这就是底气,只有爱自己,才愿意相信自己也被别人爱着,你和你的需求才会变得有分量。重生之后的 B,在各种关系中都能游刃有余地表达自我,活得越来越有活力,也越来越招人喜欢。

其次,要有一个边界。

不排除表达需求之后依然有被拒绝的可能,这时候"边界感"非常重要。运用个体心理学之父阿德勒的"课题分离"视角:我表不表达需求是我的事,而你接不接受是你的事,我们各自对自己的课题负责。

这就意味着，我有表达需求的自由，同时你有拒绝的自由。在这个前提下，"麻烦别人"几乎是不存在的，因为当你的需求超过了你们的关系，或者当对方感觉到难以满足时，自然就会拒绝。如果没被接住，就要练习接住自己：需求被拒绝，不代表我被拒绝，我依然是好的、值得被爱的，我们的关系也依然是良好的。

最后，要有一些机会。

最关键的一点，是要有"看见"的能力。只有给自己一些机会，去看见真正的对方，去发现对方的不同，进而去尝试被接住的感觉，和新客体建立深刻的联结，改变才可能在新的体验中发生。

回到开头提到的那位女同事，要求太多，真的错了吗？我认为要分情况：若是逼迫他人满足自己不合理的需求，这是自私；而她在日常工作中提的一些需求，虽然有些自我，却也是合情合理的，既维护了自己的权益，有的也顺带帮助了其他同事，这是拥有强大自我的表现。

能恰当、自如地表达需求，才能享受自己、享受关系。祝大家都有一个畅快、舒展的人生。

节奏感
——重获内心安宁的良药

朋友 Z 喜欢看一个美食博主的视频，成天刷她的各种视频，非常痴迷。她说："看她的视频很治愈，晚上睡不着的时候刷上几个，能够抚平内心的焦虑和烦躁，重获安宁。"

这是一种怎样的魔力？

从这个美食博主的视频里，能看到四季更迭的时令之美：落英缤纷的韶春，佳木繁荫的盛夏，桂子飘香的静秋，漫天飞雪的凛冬；能看到"从无到有"的创造之美：无论是栗子酥、青稞酒等美食，还是纺纱、织布等传统工艺，都依照古法流程，一步一步精心制作；能看到田园牧歌的生活之美：古朴的房子、丰茂的菜园、素雅的用具，虫鸣鸟叫、鸡犬相闻，朴实的人们相伴着日出而作、日落而息。这位美食博主穿梭其中，面容恬静、神情笃定、动作麻利，自带蓬勃的生命力。

所有这些，呈现出一种稳定而强大的节奏感：那股被人们轻易丢弃却又渴望找回来的力量。

01
何事惊慌
/

当代人的焦虑，从工作、经济、婚姻、家庭、子女，到外形样貌、健康状况、自我价值，几乎覆盖了自身生活的方方面面。"达不到预期""不够理想"是触发焦虑的扳机点，那么，这个"预期"和"理想"究竟是从哪里来的？

一个月薪 3 万的深圳网友，近一年来长期失眠，脱发严重，烦躁易怒："身边突然多了很多年薪百万的同龄人，参加同学聚会，发现曾经的学渣也赫然在列，能不焦虑吗？我连年薪 50 万都不配拥有吗？"

一位 33 岁的大龄单身女青年，除了上班，几乎每个周末都在相亲："别人在我这个年纪都有二胎了，我连个对象都没有，再不急这辈子就要孤独终老了。"

还有那些四处搜集资源，给孩子安排密密麻麻的日程表，一门心思"鸡娃"的妈妈们："现在家长都是这么个状态，你不努力，人家分分钟甩开你一大截，竞争这么激烈，谁愿意自己的娃儿输在起跑线上呢?"

关于"预期"和"理想",我们有一个内化的社会标准,比如年薪百万是成功,婚姻美满是幸福,孩子优秀是资本。当其存在于自己的人生坐标体系时,它们是一个可追逐但可能还不那么具体或急迫的目标,可是,一旦加入别人的坐标轴开始"比较",问题就来了。

那些率先达到目标的人划出了一道分界线,而在分界线另一边的人,似乎自动变成了不成功、不幸福、没有资本的人,你会突然发觉你的人生落后了。这激起了不少人的胜负欲:"赢"才是强者,而"输"是不被允许的。

一个女人从小争强好胜,凡事都要争第一,一路名校、名企、创业、公司上市,开挂的人生却栽在了婚姻里。她太想赢了,连老公都成了自己的竞争对象,家里家外、大事小事,她都要力压一筹。经历了老公出轨和离婚的一系列打击之后,她问咨询师:"我那么优秀,为什么婚姻却输了?"

仿佛只有"赢"才能证明自己是好的、值得被爱的,优势地位可以带来掌控感,而"输"意味着被抛弃、被嫌弃、失去关注和爱,这是一个绝境。对这类人来说,优秀、被关注,比快乐、自我满足更重要。

可是,若存在感和价值感要靠"赢"才能维持,这是一个多么虚弱的人格状态啊,当潜意识将这种虚弱投射给伴侣、孩子,而对方也认同了这种虚弱，又是一场多么遗憾的灾难啊。这种对"赢"的执着，与其说是一种"欲望"，不如说是一种"创伤"，当创伤被激活时，人开始惊慌和焦虑，随之便丢了节奏。

02

乱了的节奏

/

不协调的节奏影响内心的秩序，属于人为制造失控，会将自己拖入"困难模式"。

首先是内心冲突。

在这个"全民副业"的时代，我有两个朋友也积极投身其中。朋友 A 是设计师，作为主业的延伸，他开了插画课程直播，还偶尔接一些私单，以积累客户人脉。她一直想拥有一间自己的工作室，而副业紧贴目标，是她计划的一部分。朋友 B 是行政人员，工作稳定清闲，却收入一般，于是她利用空闲时间做起了微商。由于平时就爱购物、分享和聊天，她的副业做得如鱼得水，很快有了自己的小团队。

一年过去了，B 的年收入超过 30 万，A 的副业却进展缓慢，她逐渐慌了神。后来，A 也跟着微商大军做起了微商，可惜折腾了三个月不但没赚到钱，还被几个重要客户屏蔽拉黑了，慢慢地,她抑郁了。

一方面想坚持自我,另一方面却被焦虑绑架着岔向了别人的路,两股力量拉扯着,A开始迷茫、疑虑、纠结,从某种意义上说,这是一种和"真我"失联的状态。

其次是行为失调。

由于失去了内在的连续性,当被外界信息或者刺激裹挟时,行为反应多是临时、机动、杂乱无章的。那位33岁的大龄单身女青年,在一次相亲成功之后,2个月闪婚,半年后闪离。她说:"整个过程就像在做梦,步步都在踩空,心也一直悬着,只有焦虑是真实的。"

"踩空"是一个好比喻,指不确定自己正在做什么,也不知道接下来该怎么做;踩不到拍子的每一步都充满了心虚和恐惧,这反过来又会强化混乱的感受,而混乱则会带来不安全感。在这个死循环里,浑浑噩噩成了最好的防御。

最后是失去特质。

"节奏"是"自我"的延伸,它代表着人的生命特质。一个把孩子送进哈佛大学的"佛系"妈妈,被问及是如何坚持不"鸡娃"时,她给了两个理由:"第一,我是个慢性子的人,急不起来,也不想丢掉工作和爱好,'佛系育儿'更适合我;第二,孩子不算特别聪明,消化不了太多东西,但是他敦厚、擅于坚持,做事有自己的方式,我不想打乱他的节奏,适时指引就好。"

对节奏的把控，建立在对自我特质的接纳、对生命规律的尊重之上，否则，即便赢了，也丢了自我。

03
跳自己的舞

/

乱了节奏的人，力比多无法找到稳定的出口释放，在焦躁难安中，他们纷纷开始躲进美食、手工类的视频里，在这个世界，一切变得缓慢、规律、有秩序起来。

人的集体潜意识对节奏感是有偏爱的，比如音乐节拍的强弱、长短、快慢，绘画线条的变化、明暗的调和，诗歌的平仄和押韵并重，戏剧的抒情和紧凑交替，节奏构成了艺术，而艺术带来了审美享受。

从生物学角度来看，节奏感能够引起人体的良性共振，维持内在良好的平衡，并将积极信号传递给大脑，让大脑分泌多巴胺，最终使人感觉愉悦和舒适。从心理学角度来看，节奏感代表着一种连贯的内在韵律，在无意识中便可自然关联和推进，极大地节约心理资源，并让人体验到确定感和掌控感，营造出一个熟悉、稳定、安全的空间，这就是节奏感的"疗愈"原理，也正是视频里美妙的节奏和韵律引起无数人痴迷和共振的原因。

看到这儿，你也许会问：那如何找到自己的节奏感呢？

答案是根本不需要寻找，你一直都拥有它，这是每个生命与生俱来的自然规律。问题只在于你愿不愿放下焦虑和恐惧，接纳和顺应自己的规律。这意味着要放弃"标准"，不惧人言、不畏评价、不论别人领先或落后，只专注跳自己的舞。

我认识的一个心理学专家，毕业之后赋闲在家，一直专心做饭和带孩子，30岁才开始攻读心理学专业，38岁念完了心理学博士，45岁才确定自己的职业方向。他的拍子慢了一些，但每一步都踩得很踏实，没有踩空，没有抢拍，也没有走偏，慢慢勾勒出了一个安宁、幸福且热爱的人生，这是他自定义的"成功"。

著名心理学家李松蔚老师有一个关于"如何应对抑郁情绪"的答复：多吃、多睡、好好休息，反正抑郁时也做不成什么大事，不如就当成一年中用来休养生息的时间，等待蓄力和躁动。这就是尊重规律。跟随生命原本的律动，节奏就会呈现，也只有踩准节奏，生命的效能才能最大化。

如果你正处在混乱中，可以先尝试去做一些有节奏感的小事。比如，我的朋友A在一些美食博主的视频里沉浸了一段时间后，开始跟着学种花和烹饪：每天浇水、除草、施肥、修剪，就可以得到一盆满屋飘香的茉莉；洗菜、切菜、烧油、翻炒、加料、出锅、摆盘，就可以得到一盘美味。

"焦虑一点点退去，掌控感一点点回来，有节奏的感觉太棒了。这次，我一定要跳好自己的舞。"A开心地说。

对工作倦怠？
你可能还没找到自己的兴奋点

2020年，第一批"90后"迎来了他们三十而立的黄金时代。

然而，不久前发布的《中国养老前景调查报告》却显示，有半数受访者表示已开始为退休进行储蓄，其中年轻一代的比例飙升至48%。

"中国年轻人想早退休"成功登顶微博热搜，留言区哀鸿遍野：

"三十不立，四十迷惑，五十听天由命。"

"别跟我谈理想，我的理想是不上班。"

"每天上班的心情，比上坟还沉重。"

"中个一千万我秒退，谁愿意上班！"

"不想努力了，直接来个富婆包养我吧！"

……

怎么回事？这届年轻人建功立业的大好时光还没开始，就已经琢磨着结束了?

"别开玩笑了,什么结束,我们压根儿就没想过建功立业。"

"建什么功,立什么业,也就是混口饭吃而已。"

"再努力、再拼搏又有什么意义?还不是棵小韭菜。"

年轻的人儿啊,小小的眼睛里充满着大大的无奈和困惑。

01
你为什么不爱工作?
/

你为什么不爱工作?

可能是从小就对它没什么好印象吧。

刚满三个月还在嗷嗷待哺时,工作硬生生地把妈妈从身边抢走,制造了人生第一场大型的分离焦虑;上学了,大人们天天拿"好工作"作为威胁,要求好好读书,努力上进,没有好工作的人生就是失败的;等真正参加工作了,一眼望不到头的"996"和"807",没完没了的竞争和钩心斗角,让人心生疲累和厌倦。

潜意识里,"工作"就是压力和焦虑的代名词。

不仅如此,对一些人而言,工作令人痛苦的原因还在于它是一件彻彻底底违背自己意愿的事情。

《圆桌派》有一期专门讨论"为什么不喜欢上班",有嘉宾分享了一个观点："对于很多人来说，你没有问过他要不要做人，他就被生出来了，你没征求他同意。生出来以后，他发现，所有这一切我都不想要，可是我已经活着了，我还得活下去，那我就得赚钱养自己。也就是说，对于很多人而言，工作从本源上就是拧巴的。"

我不知道自己为什么要活着，也搞不清自己是谁，喜欢什么，但是我得生存啊，于是只能被迫营业。生存还不能比别人差，房子、车子得有吧，还得有一定的存款，这是普世的成功标准。不然，就是一条让人瞧不起的"咸鱼"。

任何事情，一旦变成被迫的，那就意味着存在强烈的内心冲突。从精神分析的角度来看，这是一切神经症的根源，能不痛苦吗？并且，在互联网互联一切的时代，全方位无死角地时时展示着各个阶层的生活方式和生活状态，我们什么都知道，却什么都触碰不到，一边看着别人的诗和远方，一边让自己挣扎着活下去，这种巨大的心理落差让人近乎绝望，也持续触发着人性中的贪婪、攀比和忌妒。欲望之火熊熊燃烧，现实却一直在无情浇灭，挫败的感觉如影随形。

以上种种，使得一些人忍不住发出了来自灵魂的呐喊："我倒是想问，拼死拼活拿那么点儿工资，忍受着各种'奇葩'的人和事，奋斗一辈子都不可能跻身上流社会，过上被认可、被羡慕、万人之上的鄙视链顶端生活，我为什么要爱工作？"

02
被迫选择的关系

/

你不爱工作,工作也不爱你,但大家还不得不纠缠下去,真是太难了。可以逃离吗?很多人并没有这个勇气。

没搞清楚自己是谁,没有独立觉醒的灵魂,那就很可能要接受别人的支配,这个"别人",要从你的原生家庭开始。

擅长控制的父母,从出生之日起就把你的人生安排得明明白白。小到日常的衣食住行,大到各种人生决定,都由父母包办,当然也包括工作。你做着父母期待的事情,实现着他们的理想,只是他们人生的延续,满足着他们的自恋需要。被架空的人生让你深感无趣,想推开,但潜意识又有着恐惧:不能摆脱父母的控制,不能分离,不能成长,否则就是背叛。

一个医学院的优秀毕业生,在拿到博士学位之后,很快申请了外国一所大学的心理学专业继续深造,她说:"这么多年,我终于完成了父母的理想,可以开始自己的人生了。"

她是幸运的,她至少知道自己想要什么样的人生,而大多数人并不知道,在推开这一切不想要的之后,该何去何从。

和父母的纠缠关系,就这样投射到了你和工作的关系中:不想要,又放不开。情况稍微好一些的,幸免于强势的父母,能按照自己的意愿找工作，但却无法逃离被社会标准支配的命运。

一心只想奔着光鲜亮丽、待遇丰厚而去，但是不是自己真正喜欢的、热爱的，谁关心呢？在被迫选择的关系里，工作仅仅是一种谋生赚钱的工具，透露出的是无形中放大的生存焦虑。

一方面，马斯洛需求层次理论告诉我们，人类生存下去的基础只是温饱、安全等最起码的东西。可偏偏另一方面，被激烈的社会竞争和成倍激发的欲望驱使的人们，在互相攀比中早已悄悄更改了"生存焦虑"的阈值：过得比别人差，我就焦虑。

这样一来，眼前的工作总是撑不起野心和幻想，无时无刻不在触发着焦虑，这种不给力、无意义的工具，简直如同鸡肋。

罗杰斯认为，所谓自己，就是一个人过去所有的生命体验的总和，假若我们是被动参与这些生命体验的，或者说是别人意志的结果，那么我们会感觉没有在做自己。

在被迫的关系里，我们无法成为自己，所以一直是相互排斥、痛苦万分的。

03

另一种可能的关系

／

我们与工作的关系，就只能如此吗？

让我们来看看在我国70周年国庆大典上被授勋的一位"90

后"——袁隆平。

我们都知道袁隆平的理想：一个是"禾下乘凉梦"，另一个是"杂交水稻覆盖全球梦"，目的都是为人类服务。

1960年，袁隆平曾亲眼看到5具饿死的尸体，这是他理想萌芽的时刻，从此他开始了长达半个多世纪的杂交水稻研究。

从默默无闻到享誉全球，从一介草民到上坛封神，得天下人的崇敬与爱戴，而他的眼里始终只有那秧苗摇曳的一亩田地而已。

日日下田，却从不厌倦，因为工作是他自我实现的工具。这是他主动选择的、内心真正所热爱的事业和理想，是他人生的组成部分，工作的过程也是"成为自己"的过程。

在接受专访时，袁隆平说："年轻人理想要高雅一点儿，而不是向钱看。当理想实现了，能给社会带来价值时，社会自然会给你应有的回报。"

这样的关系是和谐、统整、相互促进的，没了冲突和排斥产生的各种内耗，共同享受着人生自我圆满内驱力的作用，也跳出了被物质生活、世俗标准支配的恐惧，只有不断超越、永无止境的追求。

"为理想而奋斗"，真的不是一句让人嗤之以鼻的口号。

04
"空心"了的理想

那么,问题又来了,我没有理想,怎么办?

关于"理想",我们可以仔细回忆一下,我们最初接触到它,大多是在小时候被大人询问时,或者在某节作文课上被要求写出一篇名叫"我的理想"的文章。

不出意外的话,很多人当年所谓的"科学家""老师""医生"都是人云亦云,或者是投大人所好,张口就来的。

小时候大部分人连"自我"都没有形成,哪来的"我的理想"呢?即便有,大概率也是外界灌输的,且由于被迫式的内在对抗关系,这种"理想"在我们成长的过程中迅速衰败、疲乏,所以很多人长大以后依旧浑浑噩噩。

回到《圆桌派》嘉宾的观点,从人本存在主义视角来看,人本来就是被无端抛之于世的,人生是无意义的,所谓的"意义",是靠人自己赋予的。

"理想"也是如此。

基于深刻的自我认知,你得先知道自己是什么样的人、喜欢什么、擅长什么,最后才是想成为什么样的人,从而给自己赋予一个存在的意义。然后,找到合适的工作,借力这个工具不断去实现和强化意义,这就称为理想,它是让你感觉到自我价值的方式。

一般而言，自我认知会在成长和探索中逐步丰满起来，寻找理想并不是一件难事。所以说，被妖魔化的工作背后，藏着一个个空心的人。

温尼科特认为，如果母亲不能敏感地对婴儿的需求做出反应，而是将自己的期待加诸其身，那么婴儿为了获得母亲的关注，将被迫顺从以求生存，"假我"就在这样的顺从中滋养生长。这样的孩子长大以后，对真实的自我是隔离的，也就是缺乏自我认知，很容易一直活在别人的眼光和期待中，搞不清自己真实的需求和喜好，导致自我价值感虚弱。进而很可能就成了心理学博士徐凯文提出的"空心病"：缺乏价值观，不知道自己要什么，不知道自己为什么而活。由此，也就造成了这届年轻人的迷茫——连北大30%的精英都难逃此劫。

找不到理想，就只能跟着大家把赚钱当理想，工作也只能沦为攀比或者被迫谋生的手段，毫无乐趣可言。

05

找工作，也是找自己

/

令人欣慰的是，有一部分人似乎已经率先有了觉醒意识，开始用一种更"节能"的办法积极寻找"第二身份"：当前的工作无法令我产生成就感，说明它并不适合我，与其颓废和迷茫，不如在积累当前的工作经验之余,继续探索。

他们尝试着问自己:

成长过程中,我哪一方面比较突出?这有没有可能是我潜在的天赋?

如果已经实现了财富自由,不需要赚钱营生,那么哪件事是我想继续做下去的?

……

在这样不断地尝试和碰撞中,他们开始慢慢找到自己的兴奋点,以及能够点燃这些兴奋点的事情。之后投入专注力,与这些事情建立起深刻的联结,在其中尽可能充分而真诚地去体验,尊重自己的真实感受。于是,"第二身份"的轮廓渐渐清晰,也许将成长发育为自己的"主要身份"。

寻找理想、工作的过程,其实也是重新寻找自己、疗愈自己的过程。

一战成名的导演饺子,曾经也可能在四川大学华西药学院里苦苦迷茫,但后来却创下了《哪吒之魔童降世》的票房奇迹,并将其成功带进了奥斯卡;"90后"袁隆平都说自己离退休还远着呢……

盛世之下,我们更不应辜负这大好年华,与君共勉。

如何走过人生的至暗时刻，绝处逢生？

前阵子有一个新闻：某大学的一个大二学生，在参加课程补考时被发现作弊，试卷被没收后，他走出考场不久便跳楼身亡。

这件事引起了不小的争议，尤其是当学生家属介入之后，观点基本朝两极分化。支持校方的人认为：监考老师没错，作弊本来就不可原谅，是他自己犯了错却又担不住；支持家属方的人则认为：一定是监考老师做了些什么，让他难以承受，他才会选择轻生。

我们在这里不讨论孰是孰非，只关注这种网友普遍都表示不能理解的行为：试可以重考，生命却不能重来，为什么现在的人都如此脆弱？

我想和大家聊聊"绝境思维"。

01
"我完蛋了"
/

我曾在网上看到一个类似的问题:"我拿到了世界500强公司的录用函,可是补考时找替考被抓了,现在面临毕业证被取消,我该怎么办?"

有一个回答是:"没什么好说的,你完蛋了。"然后这个人分了十多段,从替考的性质、毕业证被取消的影响、用人单位的考量,到给终生留下不可磨灭的人生污点等方面进行讨论,言之凿凿,句句犀利,并且得到了1万多人的点赞,位列高赞回答之首。

其实,其中的利害关系分析得也算颇有道理,但这种绝对、僵化、毁灭式的思维方式却是非常危险的:它会令人陷入一种偏执、分裂的悲观状态,产生强烈的绝望和恐慌。一个人,如果真的到了人生尽毁、毫无希望的地步,做出极端行为的概率就很高。

"绝境思维"不仅出现在一些大的人生事件中,比如高考失利、婚姻失败、事业受挫等,日常生活中的一些小失误也经常能看到它的影子。

有一次,我参加一场辩论总决赛,在准备比赛时,一个队友就格外焦虑。我们组是反方论点，难度系数比较高，且这位队友是临时替补上场的，辩论功底薄弱，与组里其他队友的实力对比悬殊。从现实层面来说，这对于她确实是一个有压力的环境，这种压力来源于"孤独"：只有她一人无法胜任，而这个无法胜任又可能拖累全组的成绩。而从心理层面，也许她正在经历"绝境"：如果搞砸了，我就完蛋了。即使同组的队友一直在暖心地宽慰和鼓励她，她却一直沉浸在恐慌中，还在晚上崩溃大哭，令人十分心酸。

有"绝境思维"的人在遇到问题时往往会有一种窒息感，其大部分精力都会投入到应对剧烈的情绪上，很难再集中精力思考对策。所以，那个队友一方面非常在意和重视比赛，从接到替补上场的消息开始，就没日没夜地循环练习，另一方面却惶惶不安，无法专注训练，真正上场时也依然胆怯和不自信。正因为个人完全被恐惧驾驭，无法积极有效地寻找解决之道，所以才更容易带来糟糕的结果，这种结果又会反过来强化"绝境思维"，形成恶性循环。

与此相反的是我一个朋友，在参加一次表演时，她那首《夜空中最亮的星》因为和弦失误，先后断了三次。当别人都在替她尴尬、难堪、不知所措之时，她甩掉碍事儿的戒指，云淡风轻地续上音乐，饱含深情地唱完了整首歌，结果拿到了第二名。对她而言，世界是有韧性、可转圜的，办法总比困难多。在这次表演中，很多人都被她打动，除了歌曲本身演绎得颇为动人外，也许还有藏匿其中的"绝处逢生"之美。

很多时候，现实"绝境"并不可怕，可怕的是内心绝境。

02
深渊的形成

/

"绝境"其实就是"无人之境"：既没有能力支持自己，也得不到别人的支持，只能等待灭亡。而"绝境思维"则是内化了这种资源匮乏的体验。

曾听过一个网友分享的故事：

高中时，她考入了市重点，还被分在了重点班。有一次联考，她取得了不错的成绩，获得了当年的评优资格，可班主任却私下里把这个名额给了另一个成绩远不如她的同学。

这对当时的她来说，是一个无力承受和消化的事实，她失去了对学校的信任，转而回家向母亲寻求支持。可没想到的是，母亲的情绪更加汹涌，直接跪在地上痛斥自己无能，没给女儿一个好的家世背景，还让她别读书了，说读书再好也没有前途。原本靠自己的力量没能解开的结，这下系得更死了。

网友说，那一瞬间，她觉得眼前一片漆黑，山崩地裂。从那之后，她真的怠惰了，成绩一落千丈，并且越发沉默寡言，一点儿小事就会陷入悲观和绝望。

当孩子遇到困难时，如果父母能够给予抱持的环境，接住并帮助消化他们无法处理的情绪，之后再一起积极面对和解决，这样的"后盾"就会逐渐长在他们心里。他们会形成一个信念：无论何时，我都是可以得到支持的，问题总会被解决，希望和转机总会到来。相反，如果父母因此而感觉焦虑，甚至无意识地将自己的情绪投射和叠加在孩子身上，就相当于切断了孩子的最后一根稻草，真正的绝境就来了。他们也会形成一个信念：没有人帮助和支持我，我只有死路一条。

回想一下，其实在成长之路上，作为孩子两大支持系统的父母和老师，有时候是很"残忍"的。孩子情绪不好，他们会说："就这种心理素质，将来能有什么出息？"孩子学习不好，他们会说："你将来就准备扫大街吧！"孩子考试考砸了，他们会说："考不上大学，你的人生就完蛋了。"

从他们的角度看，说话带上一丝震慑，本意也许是想激励孩子，引起孩子的重视，但这种充满威胁和恐吓的"鞭策"其实更像一种诅咒和催眠，会让孩子混淆虚实，感觉孤立无援又无路可退。这些都是"绝境思维"的成因。

03
如何自救

/

对于陷入"绝境思维"的人来说，由于内心的创伤被激活，瞬间被黑暗包围的他们，会将自己囚禁在主观的内在现实中，失去看见客观现实的能力。

就像我那个队友，她其实拥有不错的资源去面对困难：第一，她有辩论经验；第二，小组的其他成员一直在鼓励和支持她。

如果她能快乐一些、自信一些，也许她所面临的这个"绝境"就顺利化解了，小组的成绩也会更好。可这些她统统都看不见，只是抱着"必死"的决心，游离又怯懦，一直在掉眼泪，结果最后果真搞砸了，被老师一顿批评。

所以，调整"绝境思维"最关键的一步是转念：一念地狱，转念就可能重返人间。关于这个转念的过程，我有一些建议分享给大家。

首先是接纳。

不论发生任何事，也不论外界如何评论，当下请把自己放在第一位，无条件地接纳自己的一切。比如考试作弊被抓，这件事情的恶劣性质会令人体验到强烈的羞耻感、内疚感和挫败感，这些高浓度的复杂情绪瞬间爆发，很可能会将人撕裂。请陪伴自己度过这个至暗时刻，没有什么比自我珍视更重要。

其次是觉察。

接下来，需要有意识地去检视和区分"内在现实"和"外在现实"：事情到底是真的毫无希望，还是被内心的阴影和恐惧所吞没了？这个觉察会将人从痛苦的情绪中暂时抽离，开始更多地关注外在现实，之后才有可能看见自己的优势和资源。

这时，可以看看名人传记或者电影，别人遇到坎坷时的应对经历也许能给自己带来一些启发和灵感：原来什么困难都可以被克服，全都不是真正的绝境。

最后是寻求支持。

当意识到并非山穷水尽之时，其实内心已经松动了一些，内心逐渐丰盈起来，面对困难的心理空间又被构建了出来。此时，除了整合自己的资源，还可以去寻求一些帮助，比如可靠的朋友、家人或者咨询师。他们的加入，会让人感觉不再势单力薄，新的体验也会在一定程度上改善内心资源匮乏的状态。

只要心中无绝境，困难便无法束缚人生，即使"行到水穷处"，也能"坐看云起时"，愿你有一个乘风破浪、纵情向前的人生。

第三章 被讨厌的勇气——每个成年人的必修课

野心太强，是我错了吗？

我曾受邀去看过朋友 V 的一场表演：娴熟的弹唱、饱满的音准、活力的舞步、平稳的气息，还有精准的机位卡点和绝妙的表情管理，共同构成强大的舞台表现，引起了现场观众的共振，掌声雷动，完美得令人无法相信这是一场没有彩排的表演。

我的这位朋友有一个"导演梦"，以"野心"著称，对自己要求非常严格，要求自己"干什么像什么"，十八般武艺样样精通，却也一直饱受非议。比如，她喜欢阅读，在朋友圈晒出书单，有人却说她的书单几乎全以毒鸡汤为主，阅读品味很低；也有人诟病她急功近利，连兴趣爱好都要设置目标，每天打卡，做什么都急于展示和变现；还有人嘲讽她的努力，说她用力过猛却还是很平庸。总结一下就是：一个在脸上张扬着野心的女人，招人反感。

一直以来，"野心"用在女性身上就成了贬义词，代表着一种强烈的企图和欲望：我要争，我要赢，我要不达目的不罢休。这与传统观念对女性的要求——"温良恭俭让"是格格不入的。但实际上，野心并非洪水猛兽，相反，它是一种本能。

01
被压抑的生命力
/

弗洛伊德认为，力比多和攻击性是生命的两大驱力，它们的释放程度代表了一个人的生命品质。既追求创造、愉快、亲密、温暖，也渴望出类拔萃，力求卓越，这其实就是"野心"。可惜的是，很多人的生命力都被压抑了。

在一次聚会上，我见到一位很久不见的同学 M，她身着一袭曼妙古裙，舞姿婀娜，笑意嫣然，眼神妩媚而勾魂。很多人都发现她变了，她的美中少了几分清纯，多了一些锋芒。曾经的她是一个自我压抑的典型：对自己的美一无所知，只能活在浓妆艳抹中，一做回自己就透着一股自卑和怯懦；在婚姻中姿态极低，和老公吵架永远是先道歉的那个，把老公视为高山，认为"自己不配和他站在一起"，就连遭遇男方出轨，她也只是默默地在朋友圈为自己打气；事业发展单薄，原本想做一些突破，却在被家人劝说之后顺从地压制了自己的想法。

温顺、乖巧的女人，为了迎合他人的标准和期待，不惜丢掉真我，切断那股原始的生命力，放弃自己的需求、喜好、判断、追求，看上去没野心、没威胁、没危害，柔弱的姿态博得了怜惜，却没了灵魂。

好在那个唯唯诺诺的她最终苏醒了过来：重回"主持人"身份，开始主持大大小小的比赛和节目；大胆接受挑战，跨界参加辩论赛，表现极为出色；被人挑拨、嘲讽，也不再忍气吞声，改为霸气回怼。她原始层面和象征层面的攻击性全都复活了，活力和野心被越来越多的人看见，成就和快感一点点滋养着她，她的人生似乎正在进入开挂模式。

都说女人只有"黑化"一次才能活出自己。这个"黑化"，其实就是释放攻击性，解放生命力。而我的那位朋友V，一直是火力全开。她说："我是一个非常有野心的人，目标是10年以后能成为一个小有名气的导演。我希望可以将自己的观念传达给这个世界，表达自己真正想说的话。"

这就不难理解她的"功利性"了：无论是参加各种表演、制作各种视频，又或是读书、健身、学习乐器等兴趣爱好，都是为了丰富体验、打磨技艺、提升品质，是她人生目标的一部分。他人眼中的"急于变现"，实则是她给自己的一种反馈，一种愉悦和满足的能量补给。

她不怯于谈目标、谈野心，也不羞于分享内心和日常，不压抑也不防御，完全敞开，与欲望同在，这是她生命力怒放的姿态。

02
焦虑，还是享受？
/

曾奇峰老师曾说："一个人的成长过程，就是力比多和攻击性不断象征化的过程。"力比多的象征化体现是爱和愉悦，而攻击性的象征化体现则是竞争。

也许有人费解，爱和愉悦好理解，可竞争是残酷的，充满厮杀、拼抢、争夺，真的有人热衷于此吗？竞争的过程，就是攻击性释放的过程，本应有种天性使然、酣畅淋漓的爽快感，很多人并不是恐惧竞争本身，而是对"自我功能"的焦虑。

第一种，是对低自尊的焦虑。

有一个来访者，漂亮又聪明，业务能力也很强，可就是得不到晋升。她说："前两年公司竞聘上岗，我总觉得自己不行，每次都找理由推掉。现在领导已经放弃我了，我也越来越佛系。"

低自尊的人，自恋程度往往比较高，更关注自己的表现、他人的评价，因而对每一次竞争的结果都非常在意，表现出来就是不自信。他们害怕竞争，其实是害怕失败带来的自恋受损，于是用"佛系"来防御焦虑。

第二种，是对低价值的焦虑。

有一种人则恰恰相反，凡事都想赢，处处争第一。

有一个女人看上去特别优秀，不仅是叱咤风云的"白骨精"，而且琴棋书画样样精通，斜杠事业遍地开花，颜值和身材也非常出众。她一直处于竞争状态，不停地超越同学、同事、朋友，甚至是老公，事事力压周边人一筹，始终让自己保持在优势高位。结果，她不仅经常焦虑难眠，周边关系也搞得一团糟。

这种竞争是毫无目的的、弥散的，它的本质是在防御自己的低价值感：只有打败别人，时刻保持领先，才是有存在感的、有价值的。所以，性格要强的人通常很上进，但也容易有压力，对世界充满"敌意"和"杀气"。

这两种被焦虑驱动的"被动竞争"，受外界影响，被他人牵制，打不出自己的章法，体验到的往往是负担，而不是快乐。而受"野心"驱动的主动竞争就不一样了，就像朋友V，不论参加什么比赛或表演，她都会大方表示："我有好好准备哦。"这就是一种主动宣战：我尽全力备战，也会尽情享受过程，我想赢，但也不惧失败。

"主动竞争"基于自我实现，在通向星辰大海的途中，超越或失败都无法束缚这颗"野心"，反倒是一种成全。这样，攻击性释放的快感才能毫无阻碍、源源不断地到来。

03
有野心，也能受欢迎

有野心的人意味着骁勇善战，有气场也有一定的威胁。朋友V经常被非议，也许就是因为她的存在损伤了一部分人的自恋：你太优秀，就显得我好糟糕，所以我要挑点儿毛病来拉低你。所以，对于有野心的人来说，人际关系是一道有点儿麻烦的坎儿。

确实，关系是"爱和愉悦"的来源，也是生命品质的一大保障，相比攻击性，它似乎是人类更不可或缺的一部分，很多人也因此而无意识地压制了野心。那么，如何平衡呢？我有几个建议分享给大家。

①野心，别泛滥

一个朋友是企业女高管，在职场上雷厉风行、争强好胜、从不手软，每年保持着领先众人的业绩，深得老板器重。可她一回家，就变了个人，温柔、甜美、爱撒娇，还从不吝啬赞美之词，夸得老公心花怒放。于是，老公不仅事业出色，还承包了家里的家务，做得一手好菜，两人恩爱又甜蜜。她说："公司是战场，得有'想赢'的拼劲儿，但在老公面前，我就想当个被宠爱的女人。"

野心是用来自我实现而非满足自恋的。人无完人，在关系中别做"全能选手"，看见对方的优势，适当示弱，为对方留出表现的空间，爱才能平等而持续地流动。

②对手，要欣赏

这一点朋友V就做得不错。一直以来，在比赛或表演中，对于每一个对手，她都会真诚地给予赞美和欣赏，哪怕对方不那么完美，她也总能找到闪光之处。

对手，从某种意义来说也是我们的同行者和见证者，只有互相欣赏，才可能遇强则强，才能助我们把"野心"发挥到极致，以更卓越的姿态接近目标。

③达己，也成人

自我实现的完成，最终是要借力给他人的，即做出贡献、服务他人。这样，攻击性就完成了终极的升华和转化，从愉悦自己，到愉悦别人。这个信念会让人不断地向你聚集和靠拢，爱的能量也越来越强。对于朋友V而言，则意味着成为一个真正有实力的导演，为大家奉献优质的作品。正因为目前的贡献暂时没能匹配所展露的野心，她才会受到质疑和非议。但这是一个必经的过程，相信朋友V是懂的，也是无所畏惧的。所以，就祝福她吧，同样也祝福每一个野心勃勃的女人。

别让学习
变成你防御焦虑的武器

我在网上看到一篇很火爆的文章《惹谁都不要惹中年妇女，她们狠起来什么都学！》。细看文章，原来起因是某公司新来的"小鲜肉"当众质疑并嘲笑了中年女人学习新技能的能力，为此，作者怒怼："小伙子，得罪了中年女人，你很危险啊！"于是在文章下方的评论里，这群平日里无暇多言的佛系妇女们愤而揭竿，力证自己的学霸身份：

娃儿喜欢看《史记》漫画，我就开始听整部《史记》——他看什么我学什么，为的是他跟我讨论的时候我们可以深入沟通。

"现在流行人工智能、深度神经网络……赶紧学起来吧，'攘外安内'在公司、家里，都别掉队了。"

"在职研究生在读，读完我老公就不会总嫌弃我学历比他低了。"

"找老板提加薪,他说我一个运营经理不会画插画?好的,已经安排上了。"

……

不知道从什么时候开始,在广大中年女性的心里,学习变成了"万金油",用一下一时爽,一直用一直爽。

奇怪,她们为什么突然如此钟爱学习了?

01
学习 = 救命稻草

对于上文提及的种种名场面,其实大家心里都门儿清。初看上去各方学霸,大显身手,中年奋发,大器晚成;背后却是满屏焦虑跃然纸上,中年艰辛不忍再提。

为什么突然钟爱学习了,还不是生活所迫。

身居各种人生要职的中年女性朋友,每天在领导、员工、妻子、母亲、女儿、儿媳等多重角色中辗转奋战。单位里的竞争永远日新月异,在焦头烂额中结婚了、怀孕了、生娃了,这些人生新角色的惊喜体验还没过,下一秒就发现掉进了更大的恐慌里:不赶紧提升一下技能,这些角色还玩得下去吗?老公会一直爱我吗？孩子会觉得我是个优秀的母亲吗？所以，她们理所当然地焦虑了。

精神分析大师弗洛伊德认为，"焦虑"是人的自我在感受到威胁时产生的一种警示状态。而在人生承前启后的重要阶段，看似强悍的中年女性却被来自命运的巨大不确定感轻易扼住了咽喉。

潜意识一直在发出警示：现在的你不够好，没能力胜任那么多角色，掌控不住的未来必将危机四伏。而这个让人终日不得安宁的声音，可能就源于各种被嫌弃的日常：

老板说："作为一名经理，格局要宽，视野要广，专业方面也要时刻保持一定的高度，否则谈什么竞争力？"

下属说："我没想到您不会用脑图……要不我来整理这份材料吧，效率更高一点儿。"

老公说："你怎么连这个都不明白啊，跟你越来越没共同语言了。"

孩子说："别人家的妈妈都会做很漂亮的手工，你怎么就不会啊？数学题你也不懂，物理你也不会，这样怎么辅导我写作业啊！"

……

有人可能觉得：还好吧，也没有这么水深火热啊。

那是你忽略了很久很久以前，在童年时期，高标准、严要求的父母对你的各种不满与苛责，那些严厉的声音早已内化为你的一部分，潜伏在潜意识中，时刻代替他们嫌弃自己。比如："就这种赚钱能力，娃儿跟着你不是直接输在起跑线上吗？"自我接纳程度不高、自我需求不明确的人，很容易就会被这些声音号令，继而被焦虑淹没，开始不顾一切地扑腾，想要抓到一根救命稻草。

而作为接受过高等教育，有着独立意识的新时代女性，还是有些"边界感"的：焦虑是自己的事儿，发牢骚干扰其他人总是不太好。那……自己努力学习总行了吧？哪里不会补哪里！缓解焦虑就是如此简单！

02
迷信知识无法改变命运

/

就这样，学习成了当代中年女性防御焦虑的一柄利器。

这个庞大的刚需被互联网敏锐地嗅到了，需求就等于商机，于是精明的人开始抓住机遇，批量生产救命稻草，确保供应充足，至少人手一份。

职场竞争力不够强？各门派琳琅满目的专业技能，从入门、进阶到大神，一条龙服务包您笑傲江湖。

婚姻不够美满？心理专家为您倾囊相授两性相处的经营之道，教您如何牢牢锁住一个男人的心。

搞不定调皮的熊孩子？学完这门课，从此小区上空不再回荡绝望的河东狮吼，还您一份中年女性应有的优雅和体面。

想言传身教成为孩子的榜样？很简单，孩子正在学习的琴棋书画我们通通都有成人课，Python 编程、人工智能等课程也不在话下，足以稳住您在孩子心中"硬核老母亲"的形象，带领孩子一起快乐学习、共同成长。

还有职场关系、婆媳关系等等，想您所想，急您所需，各领域顶尖大咖汇聚一堂，侃侃而谈，答疑解惑，看着他们自信成功、游刃有余、人生赢家的模样，可不就是您梦寐以求的理想自我吗！

于是，广大中年女性朋友们开始利用零散时间投入疯狂的学习中，通勤路上、家务空档、哄娃间隙、陪读时光、入睡前奏，全是塞着耳机、眉头微蹙、若有所思的盛景。

知识付费总能让人产生一种错觉：完成这次自我投资，我就能脱胎换骨变成另外一个人。这恰巧和你对现实自我"不够好"的心理一拍即合，自我的接纳程度越低，对"不够好"的这部分就越敏感、介意和排斥，越想把这个无能的"她"杀死，用理想中无所不能的自己取而代之。这个理想自我凝结着自恋的精华，它是足够优秀和完美的，强大到能让世界尽在掌握，再也不会出现危机和失控。

虚拟的掌控感和安全感，暂时驱散了未知的威胁，抚平了焦虑，让人感受到稳稳的幸福，这便是"知识抗焦虑"的药效原理：通过把未知已知化、确定化，缓解人们对命运的恐惧和焦虑。然而，对知识的上瘾又会催生另一种焦虑——知识焦虑，手机里囤的那些课，学不学不知道，先囤起来再说，反正手里有课心中不慌。最后，由于现实架空，虚无的确定感便犹如昙花一现，根本无法带来长久的内心安宁。

当你发现着急忙慌地学完这些内容，却并没有变成另一个人的时候，就跟算命先生预言你将平步青云却跌得非常惨一般，所有的焦虑都将卷土重来，加倍奉还。

03
端正学习态度，享受美好人生

所以，好好学习也有错咯？当然不是，学习永远是进步的必经之途，关键是你为什么而学。

当你为老板、老公、孩子而学的时候，学习就成了一种防御，一根救命稻草，在潜意识层面，它和焦虑有着密不可分的联系，无法解锁学习本该有的乐趣。

当你为自恋而学的时候,学习就变成了证明自己优秀强大的工具,除了"学霸"的名号能让自己高潮一阵子,依然找不到自我价值和意义。

把有限的人生投入"狠起来什么都学"的状态,未免显得浑浑噩噩,有些浪费,也着实太累了。

我有一个朋友,经历了老公出轨的狗血事件后,沉寂了一段时间,然后一纸名校心理系录取通知开启了她新的人生。很多人都怀疑她是因为焦虑而学习,是想要提升自身学识和魅力,留住老公。可她说:"我读研究生不是因为他,而是因为我自己。我随时可以选择离婚,但这段婚姻教给了我什么,以及我到底想要什么样的生活,想成为怎样的人,我觉得有必要搞清楚。"

这是一个有着清晰的自我认知和定位,清楚地知道自己要什么,并且愿意忠于自己需求的姑娘。在遭遇婚姻波折之后,我不认为她是为了防御婚姻波折的焦虑而学习,而是内心有更坚定的理想自我要去追随。区别于混沌的、全能的理想自我,这个理想自我是具体的、清晰的,建立在充分自我接纳的现实基础上的。因此,我的这位朋友,属于为自己而学。

只有看见自己内心真正的渴望、需求和兴趣,学习才能激发出一个人内在的深层活力,成为建设理想自我道路上的助力。

当力比多更多地投入到学习和探索本身时,就没空儿去为未知的命运惶恐了,抵御了一部分焦虑,内心那些嘈杂的声音也会被自动屏蔽，学习将变成一件滋养身心、令人愉快的事情。而如果学习带给你更多的是沉重而不是快感，那你就得好好审视一下自己的学习态度了：你究竟为什么而学？

尽管生活中还是会有些"被迫营业式"的学习，但只要坚定内心追求，自然能有的放矢地投放精力。那种"向着光明奔跑，而非被黑暗追赶"的美妙体验，才应该是学习的主旋律。

说真的，跟着孩子背古诗、记单词、学画画的时间，拿来学习精神分析多好啊，他跟我聊李白、莫奈，我也可以跟他聊弗洛伊德、温尼科特，这依然不妨碍我做一个很酷很爱学习的妈妈呀！

化解羞耻感，
才能更专注地解决问题

01
感觉羞耻的人

在某次活动现场，一个知名演员的口误上了热搜。

原来，当时正在和主持人做互动游戏的她，因为心情激动、一时嘴快，不小心说漏了一个代言消息。旁边的主持人赶紧提醒她："这不是小道消息吗？还没有官宣呢。"

在确认自己的失误之后，该演员的脸立马红到了耳根，明显慌了神，一向口若悬河的她支支吾吾了半天，最后大喊："这可怎么办，我犯错了是不是，哎呀，暂停暂停，不录了，我耳朵都红了！"

打乱这位演员正常发挥的，正是羞耻感。脸红、无措的那个瞬间，她心里的声音可能是："完蛋了，我刚刚泄露了商业机密，这下肯定要得罪不少人了。"紧接着："我怎么这么不稳重，真是咋咋呼呼的，这下搞砸了吧。"所以，接下来她嚷着"耳朵红了""不录了"等一系列反应，都是非常真实的。

类似的经历，相信很多人都有过。

做错了事就立马急急忙忙地攻击自己，导致羞愧难当，无法正常地生活和工作；程度严重的，对方一个脸色、一句评判，就自动将过错归咎于自己，辗转反侧、夜不能寐；甚至明明是别人的问题，最终却忍不住自己先道歉。

有人说："有时候别人一个眼神，我就觉得是不是自己哪里没做好，让人讨厌了？之后便会陷入自我怀疑、拷问，导致极度没有自信。"

自我攻击带来的羞耻感和虚弱感让人自卑、怯懦、小心翼翼，感觉活不出真实的自己。这正困扰着很大一部分人。

02
自我攻击的起源

/

精神分析流派把"自我攻击"称为"攻击转向自身"，是指个体把对外部客体的负性情感或态度转而施加到自己身上的现象。

一位来访者说:"我父亲一直对我非常严厉,只有批评,没有褒奖。即便我考试考了第一名,他也会下意识地打击我,说只是一次考试而已,没什么好高兴的,人外有人,天外有天。我知道他很爱我,他自己也说,他是怕我骄傲,希望我能做得更好。可是,我确实越来越自卑了,即便把事情做得再出色,也会觉得只是自己走运而已,而一旦犯了错,我会自责好久。"

"批评式激励"是很多父母的惯用招式,以为是为孩子好,却没想到成了他们人生的"百病之源"。当孩子受到父母的打击时,孩子的内心其实是委屈、愤怒的。但是,由于力量悬殊,且孩子天然地需要依赖父母存活,他们不能攻击父母,因为潜意识里他们害怕惹父母生气,进而遭到抛弃。失去关系的恐惧程度远高于心里的委屈和愤怒,于是,他们只能压抑情绪和需求,抛出一个笼统的解释:都是我的错,是我不够好,他们才这样对我。这就是"自我攻击"最初的形态。

如果孩子一直成长在严苛的环境里,"我不够好"这种信念就会长在他们的人格之中,而父母挑剔、责怪的声音,也将内化为自己的一部分。往后余生,他们将不遗余力地鞭笞、贬损自己。

《房思琪的初恋乐园》里,作者描述她本人被老师性侵的经厉:"可以说话之后,我对老师说:'对不起。'有一种功课做不好的感觉。"

即使我受了伤害,可是没有令你满意,那还是我的错。正如曾奇峰老师所说:"有些人内心有一个严厉的惩罚者,总是对自己的些微不好实施严厉的惩罚。"

03
令你痛苦的,也在保护你

/

这是一个痛苦而悲哀的人生状态,也是抑郁症的重要成因,很多人都极力想摆脱:"我也想好好爱自己,可是我做不到啊。"

"做不到"一方面与严厉的父母被内化、模式被固化有关,另一方面,也是因为自己从中得到了一些保护。

我有一个朋友,在某次单位举办的年会上,由于超时,她的节目被临时砍掉。她伤心地想:"为什么别人的节目都没被砍,只砍我的呢?因为我是最差的那个。"年会结束后,情绪极度低落的她也并未向任何人倾诉心里的感受。"全天下我最差,认了就完事儿了。"

一直到这件事被无意提及,她仍沉浸在自我攻击中。而也是直到这时她才惊讶地发现,原来当天并不只是她一个人的节目被砍掉了，还有好几个同事的节目一同被砍。

那么，自我攻击是怎么保护她的呢？

①防御

在节目被砍之后，她不去找负责人询问具体原因，给自己的第一解释就是"我是最差的"，这其实是害怕别人对自己实施攻击。

"你自己什么样儿，心里没点儿数吗？你就是最差的，不砍你的砍谁的？"当这样刺耳的声音来源于外部时，她会感觉更加羞耻和恐惧。但是，先发动自我攻击就不一样了："我知道是我不好，我先把自己'揍'一顿，你看我这么有自知之明，你就别再攻击我了。"她让这个"差劲的自己"先受到惩罚，来防御更严厉的惩罚。

②控制

不管三七二十一，先把"锅"扣在自己头上，这意味着当我摘下这个"锅"时，情况就会变好，控制权依然在我手上。

对于我这位朋友来说，因为"我是最差劲的"，所以才被砍掉了节目，那么当"我成为最好的"，节目就不会被砍掉了。这会给虚弱的自己增加一些掌控感和希望。

③维系

擅长自我攻击的人对关系的依赖程度非常高，无法离开关系而存在。

被砍掉节目，内心肯定是愤怒、委屈、失落的，但如果找人理论，也就是向外攻击，可能会激怒对方，影响到她和同事的关系。但自我攻击就不一样了，这一来释放了负面能量，二来讨好了负责人："我知道都是我的错，你看我连问都不问，我不惹你们心烦，我更加努力提升自己就是了。"如此一来，关系得到了维系，安全感就回来了。由于对外部高敏感，对自己高要求，这些人一般做事儿靠谱儿，且有着不错的口碑。

04
与"狼"共舞

自我攻击是整体人格状态中的一环。在人格状态没有发生改变之前，如果一味挣脱自我攻击，离开它的保护，可能面临更糟糕的情况。比如鼓励自己表达情绪、向外攻击，却无力承受关系破裂的结果。

但人格状态的提升是一个多么漫长的过程啊，难道只能默默忍受自我攻击的痛苦吗？当然不是，你可以与它"和平共处"。

①觉察和接纳

有一次出差，由于家里的事耽误了一会儿，我匆匆忙忙出门，直到上飞机时才发现，我忘了带一份重要文件，我顿时陷入自责：

"你看你，丢三落四，这么重要的文件都能给忘了，你这么不靠谱儿，谁还愿意跟你合作啊？"

"你真是太糟糕了！"

……

当觉察到我正在自我攻击时，我深吸了一口气，及时喊停了脑袋里的那些声音。停顿了一会儿之后，另外一些声音响起：

"你是在生自己的气，还是在生家人的气——怪他们耽误了你的时间？"

"你不是故意的，他们也不是故意的，突发状况谁也控制不了。"

"丢三落四的毛病，我确实有，我允许自己有缺点。"

"即使我犯了错，我不完美，我依然爱自己。"

……

我的情绪立刻平复了不少。

"觉察"是要看见你的"自我攻击"，"接纳"是要允许那个被攻击的、不堪的自己的存在，并温柔地拥抱它。

②专注事情

自我攻击有个特点：对人不对事。它攻击和贬损的永远是自己的人格，让人很快因羞耻乱了阵脚，心智混乱，丧失关注事情本身的能力。而觉察和接纳，腾出了一个心理空间，可以让人把精力投入到对事情的处理上，专注解决问题。

比如，我在平复心绪之后，大脑也冷静、清晰了起来，很快想出了几套解决方案。下飞机后，我顺利地通过朋友圈找到了坐当晚航班飞过来的朋友，给我送来了文件，还顺便小聚了一下，十分开心。

当你反复练习觉察、接纳和专注时，虽然自我攻击还是存在，但带来的痛苦和影响会减轻很多。开始与自我攻击共舞，其实已经迈出了改变的第一步。

活出自己的人，
从来不怕被人贴标签

如果说到让人瞬间爆炸的一句话，"你这样的人我见多了"名列前茅大家应该没有意见吧？这句话短短几个字，除了居高临下地把你撂在地上狠狠踩住，还暗含对你的评价和定义，无论接下来是否还会补充说明"你是怎样的人"，这一刻你都被无情地贴上了一个可能不太好的标签。

当然，贴标签并不仅限于这种大战一触即发的恶意语境，类似的越界行为无处不在。

01

不要让标签毁了人生

/

小时候发生过一件对我影响深远的事情。

小学一年级的第一次期中考试，我数学考了90分，依稀记得是几道图形题答错了。家长会上，数学老师站在我和妈妈身边，指着卷子上的错误非常严肃地说："她形象思维不错，女孩子就是逻辑思维比较差。"我妈什么也没说，附和着点了点头。

很可笑吧？根据儿童发展心理学的研究，逻辑思维的发展要经历漫长的阶段，直至青春期才会逐渐成熟。单凭性别和几道题就判定一个孩子的逻辑思维能力，老师您究竟是如何做到的？

不管怎样，这个评价深深地刻在了我脑海里。我开始怵数学，只要与数学相关我就会启动"我逻辑思维差，一定学不好"的自动思维模式。即使我的数学成绩并不算差，高考还考出了一个高分，大学里"挂倒一片"的微积分和线性代数更是高分通过，也无法驱散我心中的阴霾。我始终因为"逻辑思维不好"而无法爱上与数学有关的一切。

小朋友是非常容易被标签化的。作为不成熟的个体，他们还没有形成整体的自我意识，只能通过他人（尤其是权威和亲近的人）的反馈和评价来认识和探索自己。他们会跟随大人们的标签设定一直无意识地扮演标签下的角色。一些积极的或者中性的标签，在某种程度上也许能发挥一些积极的引导作用，但是轻易给孩子贴上负面标签，确实可以轻易地毁了一个孩子的潜质，对其造成无法估量的心理阴影，甚至影响孩子的整个人生。

如果你的孩子正在变得张狂而叛逆，和从前顺从听话的乖宝宝判若两人，这或许是一件好事情。孩子在经历叛逆期的自我意识抗争之后，会逐渐对自己有清晰而深刻的了解，进而挣脱一些不合适的标签束缚，成长为一个独立而有主见的人。但可怕的是，也有部分情况比较糟糕的孩子，可能一生都等不来自己的叛逆期，最终成为一个标签人，更直白一点儿说就是：我终于长成了你口中的那个样子。

02
为什么总有人爱贴标签？

/

"贴标签"实际上是一个省时省事的行为，从经济学角度来看，它符合"经济人"的价值取向，可以帮助人们极大地压缩认知成本。在这个资源爆炸而时间有限的时代，面对烦冗复杂的人脉网络，我们深入了解每一个人的兴致、耐心与能力也在逐渐退化。

同时，"贴标签"也是一种印象管理策略，通过对他人给予一种简化、抽象的评价，来建立自己的印象管理秩序和体系，同时引导别人与自己的预期一致，便于自己对于人际关系的掌控。

我的领导是个控制欲很强的女领导。她空降到我们团队的第一次会议，就凭借敏锐的观察，以迅雷不及掩耳之势对每个人做出了评价,比如 Linda 性格内向、不善表达,Vivian 外表温顺、内心反叛,Jackie 老实木讷、工作认真,David 幽默开朗、思维灵活等等。这让在场努力想在新领导面前留下好印象的我们忍不住内心巨浪翻腾:"一句话都还没说过呢,你就知道我是怎样的人?这个评价来得太突然了吧!""有没有搞错啊,我哪里反叛了?"

恭喜大家,不管你愿不愿意,你都被足智多谋的控制型领导"套路"了。

首先,作为高管,她日程繁忙,并没有太多时间与我们相处,也来不及仔细了解每位同事,"标签化"可以帮她对每一位同事在头脑中迅速建立一个大致印象。其次,通过"下定义"的方式,她可以给每个人赋予自己的期待和内涵。其实仔细琢磨一下就会发现,每一个标签化的成员特质都并非出于恶意,而是一个团结、稳定、有活力的团队所必需的。领导的"手段"是从一个优秀团队的视角出发,从一开始就结合自己的观察为每个人分配了角色,并希望你在团队里能够扮演好这样的角色,做好团队的一分子。这也是控制型领导对团队掌控力的一种体现。

职场是个讲究效率最大化的地方,也是标签化泛滥的重灾区之一。

03
我们为什么讨厌被贴标签？

/

在上面的故事里，同事们面对一个陌生人（即使对方是领导或权威）突如其来的评价都或多或少有不舒服的感觉，更何况是我们身边的人了。

回想一下，下面这些话是不是听起来很熟悉？

"你们这些'90后'啊，就是不靠谱儿！"

"姑娘家30岁了还没结婚生子？你太不安分了。"

"见到领导就笑嘻嘻的，真是个马屁精。"

……

当别人给你贴标签时，你觉得很难受，很讨厌，那么你究竟在讨厌什么呢？

其实，这是因为错贴标签让人很受伤——对于他人轻易给出的却又不准确的评价，我们的内心通常是拒绝的。

这种不舒服的感觉，首先来自对方对边界的破坏。人与人的相处，平等和尊重是基础，而"评价"这个举动本身就暗含了居高临下的色彩，也充满着个人主观的局限。一旦开始进行，一方涉嫌"冒犯"，另一方则必定防御，双方原本和谐融洽的关系状态就会被打破。做任何评论时"对事不对人"，实际上展示的就是一种温柔的社交修养和礼仪。

其次，贴错标签会引起对方自我概念的冲突。社会心理学里有个"镜我"的概念，是指由他人的判断所反映的自我概念。当给他人贴标签时，实际上就是在扮演那面呈现对方模样的"镜子"，你眼里的"好与坏"可能会影响对方对自己的判断。想象一下，当在"镜子"里看到一个陌生的自己时，内心深处会产生什么样的恐慌和焦虑？第一反应肯定是："慢着！我怎么会是这样的？"为了把这种不舒服的感觉尽快驱散，自然而然地会引发愤怒作为防御机制："你算哪根葱啊？你有什么资格评价我？"如果是负性标签，可能分分钟就要炸毛了。毕竟，谁在看到镜子里的自己是个被恶意扭曲的丑八怪时还能淡定呢？此时除了愤怒，还有更可怕的敌意被激起："你才是丑八怪，你全家都是丑八怪！"

况且，每一个人的内心都是渴望被看见、被懂得、被关注的，而错贴标签的行为在某种程度上表现出来的是没看见、不懂得以及没兴趣关注，由此延伸出来的自我价值感丧失也足以让人难受好一阵子了。

所以，不是别人玻璃心，而是标签贴得太扎心。

04
拒绝标签内化，从认知自我开始

标签并不可怕，可怕的是对号入座，标签被内化是痛苦的根源。

打个比方，你非常确定地知道自己是一只长耳朵的卷毛兔，那么当在镜子里看到一个猪头时，又怎么会有脾气呢？充其量就是怪这个镜子是面不靠谱儿的哈哈镜罢了。而这个前提，是要对自己建立起一套完善的自我认知和评价体系，有一个较为整合的自我概念。也就是说，你得有知道自己是谁的能力。

前阵子，一个朋友在朋友圈上传了一段自己热舞的视频，视频中的她多喝了几杯之后，将两个女儿一同拉入舞池，疯狂飙舞，尽情放飞自我。舞步凌乱的她在视频上传后惹来很多非议，但是，她根本就不在意所谓的标签和评论。

多年来，她一直我行我素。从年轻时任性的烟熏妆、大红唇，到为人母后的低胸装，再到后来大大方方的离婚、再恋爱、再结婚、再生子，一直到现在嫁给一个比她小 9 岁的男人，在男方宠溺的目光中依然宛若少女。

从不被外界层出不穷的各类标签捆绑的她，淋漓尽致地活出了最真实的自己，这种所向披靡的强大背后，其实是完整而深刻的自我认知在支撑：知道我是谁，我在做什么，我要为我的选择承担什么责任。

别人有权利使用标签效应来进行时间和精力的有效管理，你也有权利反标签化，不被任何人定义，继续展示真实的自己。运用个体心理学家阿德勒"课题分离"的视角，就是"贴不贴标签是你的事情，我接不接受你的标签是我的事情"。大家都互不干扰地完成各自的课题，标签不能阻止我们愉快地做朋友。

所以，如何能在别人给你错贴标签时避免反感乃至冲突，心平气和地保持礼貌又不尴尬地微笑？答案就是：深刻认知自我，拒绝内心认同。

但是，贴标签的行为也不完全是毫无意义的，作为"镜我"的一项反馈途径，正确地认识和看待它对自我内心建设和发展也是有一定价值的。有时候，一些尚未被自己意识到和发掘的特质，也许就藏在标签里。

简而言之，当你拥有开放的心态、清晰的自我认知和清醒的选择参考时，贴标签也可以成为一项优雅的社交行为，让你的自我成长更加熠熠生辉。

女人的价值，
跟生不生孩子没关系

一向淡雅低调的舞蹈家遇到了一次网暴事件。

起因是她在网上晒了一条动态，视频里的她神采飞扬、体态轻盈、状态极好，完全没有 60 岁的影子。结果这条视频遭到一位女网友莫名其妙的"同情"，她在评论区写道："一个女人最大的失败是没一个儿女，所谓活出了自己都是蒙人的。即使你再美、再优秀，也逃不过岁月的摧残。到了 90 岁，你享受不了儿孙满堂那种天伦之乐。"

更可怕的是，这样带着嘲讽和鄙夷的"同情"，居然得到过万点赞，赫然位列热评之首。原来，在倡导了那么久的男女平等之后，还有不少人以"生育"来衡量女性的价值，女性被囚禁在被物化的世界，动弹不得。

所谓"被物化"，是指将女性作为物品来看待，只有以生育为价值的生育机器，最大的失败者是没有生育。可女性不是物品，而是一个拥有独立灵魂的人，是一个立体而饱满的存在，这就注定女性的自我价值实现有无限种可能。

01
不易察觉的低价值感

/

"物化女性"原本是男权社会用来操控和利用女性的一种手段，有些女性却甘之如饴。

一个女人一心一意地想给自己的男人生个男孩传宗接代，在连生了两个女儿后，她深感愧对男方的列祖列宗，甚至男人在外有了新欢，她还在自我反省：是因为自己生不了儿子，所以配不上男人的爱。生孩子时遭遇难产，她毫不犹豫地喊出了一句："我的命不算什么，一定要保住我的儿子。"生出儿子后，她终于修成正果，认为自己此生功德圆满。她一生都在极尽所能地取悦男人，这背后其实隐藏着她的低价值感。

从精神分析的角度来看，低价值感源于童年时期父母"有条件的爱"，只有满足了父母的要求，才能得到温柔、夸奖和关心，否则，就是被嫌弃、被打骂，甚至要被抛弃。这种模式被内化之后，她就会觉得只有自己足够好，才是值得被爱的。那么，什么是足够好呢？答案是满足别人的需求。

在封建社会，人们大都有男尊女卑思想，在这种环境中成长起来的女性，以满足男人的需求为无上光荣，"被物化"成了一件理所当然的事情。然而，时至今日，依然有些女性明明身患重症，却以命搏子，导致悲剧频发；也依然有些女性，坚定地认为"女人最大的失败是没有儿女"。

低价值感的人，自我价值完全依附于他人之上，是中空的、脆弱的、无力的。就连她们渴望的"人生圆满"，也是在无意识地迎合男方，迎合社会标准，与自我愉悦无关。

所以，当挣脱了"传统标准"束缚的女人出现，会给她们带来两层震荡：一是如果生孩子不是女人最重要的事，那我存在的意义和价值是什么？二是如果她们拥有生孩子之外的快乐，那为什么我没有？

对于失去灵魂的人而言，所有关于灵魂的拷问都会带来极大的痛苦，她们只能采取"价值观绑架"的策略来回避这些深层的焦虑和恐惧：我认定你是失败的、骗人骗己的、晚景凄凉，这样我的选择就是正确的、有意义的，最好是能把你一起拉下水，这样就没有人让我痛苦了。同时，这种策略还顺道取悦了部分男性，巩固了自己虚无缥缈的价值。

02
她们的快乐

/

那么，不按套路活的女人，活得快乐吗？

我有一个朋友，她曾经有着极为传统的观念：做一个贤惠的女人，操持家务、相夫教子、默默奉献。然而，在上一段感情中，为了取悦男友，朋友遵照他的意思，不结婚也不生娃儿，甚至停止了如日中天的事业，不再抛头露面。从被传统社会的标准定义，到被男友的"特殊标准"定义，低价值感的她曾活在"被操纵"的套路中。所以，当倾尽一切却被无情分手时，她单薄的自我价值瞬间解体，她险些因抑郁症自杀，花了近6年时间才缓过来。

好在这6年她觉醒了，自信的光芒开始重新在她身上流转，她更新朋友圈：爱自己是终身浪漫的开始。这是价值体系的重建，也是核心自我的重塑，摆脱别人的捆绑，活出自己的意志，从全力取悦别人到专注取悦自己。所以，现在的她多次表达"自己不会为了凑合而结婚"，并且希望大家也不要为了迎合别人的目光而对自己的人生做草率的决定。

再见到这位朋友，她不仅依旧美丽，还多了紧实的肌肉线条和清晰的马甲线，惊艳众人。究竟是现在快乐还是从前快乐，我想这位"重获自由"的朋友最有发言权。

当拥有了自由的意志，才有足够的力量去追求和实现真正的自我价值。一个网友离异带娃儿却丝毫不影响她和青年才俊甜蜜约会。有人刻薄讥讽："离婚的女人就像二手货，价值大打折扣，何况你还带着一个拖油瓶，凭什么？"她犀利回复："抱歉，我从不把自己当成'货品'来交易，相反，我有过婚姻和育儿经验，这是我的加分项。"这就是所谓的"高价值感"：任何时候，我的价值都由自己来定义。

回到那位知名舞蹈家。她因为舞蹈而放弃生育，也因此结束了自己的婚姻。这是她做出的人生选择，而她也在自己的选择里不断定义着自我价值：成为优秀的舞蹈艺术家，不遗余力地传承和培养优秀的事业接班人。也许她最终没能儿孙满堂，但她在舞蹈中创作和"繁衍"，让弟子桃李满天下，让艺术生生不息，从某种意义上，这是更高境界的"儿孙满堂"，代表着更宏大的人生价值。

高价值感的人都有一个自己说了算的人生，如此极致的体验，怎么会不快乐？

03
你会如何选择?

/

当然,贡献有大小之分,但价值观念和个人追求却无高下之别。有的人天生喜欢小孩,非常享受陪伴一个小生命成长的过程,生儿育女未尝不可;而有的人,天生视舞如命,极尽热爱,纵情追求艺术也无可厚非。只要是自己喜欢的活法,都是值得尝试的。有一个建议是带上觉察:你可以定义价值,但别被价值定义。

一个因为子宫疾病被诊断为不孕症的女人,因为生育焦虑走进了咨询室。她对咨询师说:"我真的很想要一个孩子,想体验当妈妈的感觉。可现在我失去了生育价值,我就是一个废物。"她哽咽了一会儿接着说道:"我想和我老公离婚,我不能耽误他。可我老公说,他爱的是我的人,不是我的子宫,有没有小孩都没关系。"咨询师适时反问:"那你觉得你老公会这样深爱着一个废物吗?"女人愣住了,在咨询师的提醒下,她意识到自己正在被单一的价值观所捆绑。

这个案例的后续是,女人将精力重新投放在了擅长的工作上,一年之后,几乎是在她荣升高级设计师的同时,测出了怀孕,双喜临门。很难想象,如果女人陷入"不能生育即废物"

的偏执观念中，那么将置自己于何等煎熬的地狱，又将失去多少人生的可能。

这样的觉察可以帮助自己从狭隘的思维中解放出来，只有意识到自己是自由的，才会允许和接纳别人的自由。

正如这位舞蹈家所说："有些人的生命是为了传宗接代，有些是享受，有些是体验，有些是旁观。我是生命的旁观者，我来世上就是看一棵树怎么生长，河水怎么流，白云怎么飘，甘露怎么凝结。"

短短的几句话里，充满着她对生命各种姿态的尊重，她没有去贬低"传宗接代"，也没有去捧高"旁观者"，多元的价值体系折射出她饱满成熟的人格。

可是，没有自己的孩子，她此生真的不遗憾吗？其实，生命本就充满局限，无论怎样选择都会有遗憾：对于舞蹈家来说，也许享受不到天伦之乐是一种遗憾，而对我们大多数人来说，无法拥有追求极致和被艺术深度滋养的体验，又何尝不是一种遗憾呢？大胆地尝试自己想要的人生，让自己活得尽兴、舒展、愉悦才是最重要的。

借用舞蹈家后来回应争议时说的一句话："望我们都能自在，如我。"在我看来，这才是人生最大的成功。

虽然没有无条件的爱，
可人间依然值得

朋友阿丹的婚姻最近遇到了一点儿麻烦。结婚第四年，她觉得老公越来越无趣，对她也越来越敷衍。两个人的心和身体，都日渐疏远。她也曾一度怀疑老公是否有了外遇，但事实证明并没有。

"明明当初幸福满满地嫁给爱情，怎么最后是一地鸡毛呢？"阿丹满是无奈。

"你说的无趣和敷衍，指的是什么呢？"我问。

"就是对我没有以前上心了。以前会琢磨我的心思，会准备很多惊喜，那种默契感是我当初认准他的原因，可是现在几乎没有了。我也知道他工作忙，可是不能把我当成空气吧，今年的结婚纪念日他都忘记了。他是不是不爱我了？"

可能很多人都会有这种感受。在自己重视的关系里，对方的一言一行都会被赋予很多意义。

我们的要求其实是有些苛刻的：你爱我，就必须360度无死角地关心我、对我好。如果有一些不符合预期的情况发生，就会怀疑对方的爱，质疑关系的质量。似乎我们每个人，都在寻找无条件的爱。

01
有多缺乏，就有多执念

/

表姐是个集美貌与才华于一身的女子，在经历了多次被出轨、背叛，痛不欲生地与前夫离婚之后，她选择了一个与自己和世界和解的方式：努力当一个好母亲。

对于孩子的喜爱，她直言不讳："老公出轨无所谓，只要孩子在身边就可以了，因为孩子才是我的安全感。其实结婚、离婚我都不是很在乎，我的梦想是当个好妈妈。"

她的微博清空了所有过往，只留下了她和两个儿子的合影。

事实上，表姐也的确是出了名的好母亲：不请保姆，全凭一己之力照顾孩子；下班后累到睡眼蒙眬依然陪着孩子玩耍；大清早亲自下厨给两个孩子做早餐；一个人带着两个孩子赶飞机，到处旅行……

然而，表姐对于"做一名好母亲"近乎疯狂的执念，却让人隐隐担忧。

表姐出生在一个复杂动荡的原生家庭中，母亲是二婚，父亲没有正经工作，好赌成性导致的经济拮据经常使父母二人大吵大闹，表姐不得已从小就要在外打工，负担全家人的生活。长大后，很少体验到爱、关注和支持的表姐，将从小烙印在性格里的阴影带到了亲密关系里，她极度缺乏安全感，爱得越深，就越是企图通过"控制"来寻求稳定。然而，表姐的婚姻最终还是瓦解了。千疮百孔的婚姻让她失望不已，于是，她不再通过伴侣寻求安全感，而是将这种索求转移到了自己的孩子身上。

表面上看来，表姐非常爱自己的孩子，可实际上，她只是想通过这种过度付出的方式弥补自己大半生都没能抓到一丝痕迹的无条件的爱。她深信：我缺乏的，我要加倍补偿给我的孩子。孩子是依赖她的，这种依赖带给她关系中的控制感和安全感，而在对孩子尽心竭力的付出中，她亦能体验到自己从未体验却极度渴望的爱。

表姐爱孩子吗？爱。但更深层次的动机，是她需要借对孩子的爱来填充自己内心的匮乏。

02
无条件的爱，真的存在吗？

/

一个女性朋友曾讲过自己和女儿之间的小插曲。

一天晚上睡觉前，她按照惯例给5岁的女儿讲完故事，道过晚安之后准备起身离开。女儿突然一把抱住了她的脖子，在她耳边吹着气，用软软糯糯的声音说："妈妈，如果我变成了大怪兽，你还会爱我吗？"她愣了一下，连忙亲了女儿一口："宝贝怎么会变成大怪兽呢？不要胡思乱想了，赶紧睡吧。"她看到女儿眼睛里闪过一丝失落，安静地躺下了。

那天晚上她辗转难眠，想了很多。她说，她在那一刻突然发现，她对女儿的爱是有期待、有条件的。因为女儿现在天真美好，每天会给家里带来很多欢乐，所以自己对她的爱仿佛浓得化不开。可是，如果她真的变成了一个令人厌恶和嫌弃的丑八怪、大怪兽呢？爱还是会爱的，毕竟是自己的骨肉，但一定会打折扣吧。

这是我朋友的真心话。

说完，她特别难过地低下了头："连对女儿的爱都要如此权衡算计，这世上还有什么东西是无条件的吗？"

父母之爱或许是这世上离无条件的爱最近的一种爱。父母就像一个温润透亮的器皿,温柔地包裹和装载着孩子的一切,这是孩子安全感和爱的能力习得的最初场所。这是每一个"器皿"的使命,是上天赋予父母最重要的职责,也是父母竭尽心力想要给予孩子的礼物。然而,人都不是完美的,这些人性中的不完美犹如器皿壁上的裂缝,给"无条件的爱"加上了限制。

电影《狗十三》里,李玩的父亲无疑是爱李玩的,可他给出的恰恰是一份"布满裂痕"的爱。他知道李玩喜欢物理,但却因为自己更注重现实利弊,让她选择了英语兴趣小组;本想带她去看宇宙展览,最终也因带李玩赴教授的饭局错过了展览;他一向禁止李玩喝酒,然而在教授的饭局上因为自己想要讨好权威,破例让李玩敬酒;他知道李玩喜欢狗,尊重她的感受没有伤害第二只狗,但在客户夹狗肉给李玩时,却因为自己的懦弱选择了沉默。李玩最后一夜成熟,长成了和父亲一样木讷和隐忍的"社会人"。

"带着裂痕的器皿",就是这样一边保护着我们,给予我们爱,一边用碎片伤害着我们,提醒我们"无条件的爱"似乎根本不存在。直至我们也长成了带着裂痕的"器皿",用同样的方式去养育下一代。

那些"佛系养娃"的爹妈们似乎非常尊重孩子,给了他们很多自由,可实际上是不是拿着"佛系"当幌子,来平复自己教育挫败的焦虑呢?还有"被气到进医院"的陪读家长,呕心沥血付出的背后，好像也在用愤怒自嘲来掩盖对孩子期待落空的失望。就连我表姐那种疯狂输出的母爱，竟然都带了些自私：给你些什么，是因为我想得到些什么。当爱变成一项讨价还价的交易，背离的正是"无条件"的本质。

在人性裂痕的折射下，爱变得斑驳残缺了起来。正因为如此，无条件的爱成为一种理想化的状态。受困于现实的局限，它仿若海市蜃楼一般缥缈，只能若隐若现地闪烁在每个人心中。

03
别让对"无条件"的索求毁了你的人生

/

得不到的永远在骚动。没有被"无条件"充分滋养过的我们，长大后依然在各式各样的关系中执着地寻找。

亲情、友情、爱情，每一段在意的关系中，我们都仿佛看到过"无条件"的影子，然而一旦用力想要抓住和确认，却又忍不住地失望。

"他居然忘了我们的结婚纪念日，这么不重视我，还谈什么真心爱我！"

"她还是我最好的朋友吗？为什么在这件事情上她一点儿都不支持我？"

"买房借钱的时候才知道,那些平日里嘘寒问暖的亲戚们,真的可以一毛不拔。"

……

包括我朋友阿丹追求的无时无刻的"默契感",所有这些,都是我们在生命中寻找"无条件的爱"的证据。

我们似乎忘记了一个非常残酷却又不得不面对的现实:每个人都有自己的"裂痕",给出的爱也都是有限的。父母尚且如此,何况其他人呢?

可是,有限的爱不等于不爱。老公不记得结婚纪念日,可是他在你生病的时候会悉心照料、陪伴左右;闺密不支持你这件事情的决定,可是她在你低谷的时候会默默支持你,为你加油鼓劲;亲戚不借钱给你,你大概也忘记了,小时候爸妈工作忙碌,你有很长一段时间在她家蹭吃蹭喝,享受她的照顾;对阿丹来说,老公不像以前一样来揣摩心意了,可他却在通过加倍努力的工作为二人的将来计划和筹谋。

"多念别人的好"是一种人生哲学。它教我们用更加整合的视角去看待人际关系:允许别人"爱我"和"不爱我"并存,这两者之间是有边界的,也是相互独立的,对我的爱并不会因为某些"不爱我"的表现而受影响。

况且,我们期待的"无条件的爱",其实带了些婴儿时期"全能自恋"的色彩,稍有不如意之处,便全盘否定一切,这也

153

是一种缺乏整合思维的表现。别人同样会为自己叫屈和不值：我对你的好呢？统统看不见了吗？

如果非要将无条件的爱等同于无条件的自我满足，这种理想化的索求将极大程度地摧毁人际关系，只会让我们感觉更加孤独和匮乏。

曾经看到过一个问题："如果父母无法满足小孩的物质要求怎么办？"最温柔有力的那个答案是："跟宝贝耐心沟通，坦诚自己的能力有限，但是自己给他的一定是自己能力范围内最好的。"

不仅是物质要求，情感索取也一样：我给你的爱是有限的，也许不能满足你的全部期待，但确实是我力所能及给出的最好的爱。

倘若每个人都能了解和敬畏生而为人的局限，并深刻地接纳这个现实，就会在"无条件的爱"之外找到一个空间来安放彼此渴求的心，我们也会在有限的爱里感受到"人间值得"，在这个缺憾娑婆的世界里继续深情地活着。

第四章

我们该如何避开亲密关系中的雷区

婚姻里的欲望，
越压制越委屈

01
婚姻里，谁的委屈在飞？

和朋友聊天，她一脸苦大仇深地说："过不下去了，我要离婚。"她讲了一遍最近的遭遇，委屈得直掉眼泪。

朋友和老公都出身农村，家境一般，通过朋友介绍认识，当时感觉挺合适的，于是谈了一段时间恋爱，之后就顺理成章地结婚了。小两口挣得不多，花销也少，平时很节俭，周末宅在家里自娱自乐，能不消费就不消费，生活也还算过得下去。直到不久前孩子出生了。

孩子出生本来是件无比喜悦的事，然而其中夹带而来的巨大冲击，很快就把这份和谐冲破了。

首先是家庭花费的陡增。

虽然两人的日常开支早已减半,但"四脚吞金兽"的威力仍然令他们焦虑不已:奶粉吃国产的还是进口的?用纸尿裤还是尿布?衣服买新的还是用姐姐家孩子穿过的?益智玩具要不要买?

"我觉得自己已经够节省了,可老公比我还抠门,这可是他儿子啊!"

紧接着,夫妻感情也出问题了。

朋友抱怨老公没有责任心,回家不带娃儿,连起夜冲个奶粉都不愿意,只顾自己睡大觉;老公也很有意见,说朋友成天围着娃儿转,对他又冷漠又敷衍。

谁承想,两个人正互相指责、闹得不可开交时,婆婆又来浇了一把油:平时做饭很少看到肉,丝毫不见对产妇的照顾就算了,还指着朋友刚办的瑜伽卡冷言冷语:"都当妈的人了,还臭美,把钱和时间用在娃儿身上不好吗?"

朋友又内疚又羞愧,当晚就把卡转送给别人了。她用大袍子裹住自己臃肿走形的身体,眼泪汪汪地哄起了孩子。

"全家人都抠得要命,感觉什么都缺,随时会被掏空,就想使劲捂着。""没钱不行啊,这种穷养的婚姻,不要也罢。"朋友心塞难耐。

02
穷养婚姻的模样

/

朋友提到的"穷养婚姻",是个很有意思的概念。我们来勾勒一下典型的"穷养婚姻"的轮廓:

①缺钱

缺钱的婚姻有两种:一种是客观缺钱,即确实没钱,物质生活极度拮据。另一种则是主观缺钱,有经济条件满足需求,但是用"缺钱"来自我催眠,切断欲望。

比如,有网友说:"我三十几岁了,护肤品一直用的'大宝',有一次下决心买套贵的,想试试效果,结果老公不同意,说护肤品这种东西,凑合用用就行了,没必要买那么贵的。我想了想,那就算了吧。"

一句"算了吧",道尽多少压抑。

当欲望无法得到舒展,内心便不甘、委屈、愤怒,而这些感受,最终都会在婚姻里发酵。有人喜欢用"节俭"来粉饰这种虚弱感,但节俭是合理的节制,而非对欲望的恐惧。

②缺爱

爱原本是互相滋养,但缺爱就会变成互相掠夺。

在朋友的故事里,孩子的出生引爆了这场"侵略战争"。

初为人父人母，两人都有些手足无措。男人面对孩子的哭闹无力又焦虑，于是用打游戏或者睡觉来逃避，但女人没看见他的感受，给他扣上了"没责任心"的帽子，企图以此来要挟男人的体贴。女人奶娃儿、哄娃儿，忙得焦头烂额，对男人难免有疏忽，但男人也没看见她的疲惫和无奈，反倒指责其冷漠敷衍，企图以此打劫女人的关心。两个人陷在困境里，只见自己，不见他人，疯狂索取，恶性循环，直至缺爱窒息。

③缺气

这里的"气"，指的是一种精神或内核。

缺气的婚姻，不敢追求快乐、享受愉悦。

比如朋友因为婆婆的一句话戳中痛处，内疚不已，放弃了变美和取悦自己的权利；还有些人，从不出门旅行、游玩，一有时间就回家陪伴父母，因为害怕背叛"孝顺"，或者是害怕比父母过得幸福而背叛"忠诚"。

在这种生活里，快乐是羞耻的。

03
"穷"的根源是匮乏
/

人构成关系。婚姻里的"穷"，往往由人投射而成，背后是心理的深度匮乏：一种需求始终得不到满足而导致的状态。

由于长期欲求不满，他们对满足的体验是陌生而恐惧的，潜意识里会产生两层防御：第一层，防御需求无法被满足的痛苦；第二层，防御满足感带来的失序和罪疚感。对应的具体措施可以总结为"一个思维+两个感受"。

①一个思维

内心匮乏的人深信，一切资源都是有限的，且不可再生。

这种观念令人焦虑，使人陷入巨大的存在危机，只好调动更多的力比多来应付强烈的不安全感。表现出来，就是将几乎全部的精力引向"节流"，而非创造。比如缺钱的人，会为了省钱无所不用其极，却很少思考如何多赚钱。他们会说："谁不愿意多赚钱呢，可没那个能力啊。"

其实不是没有能力，而是没有多余的力气去挖掘潜能。比如，缺爱的人会吝啬给予自己的爱，更不懂得如何爱自己。有人会撇撇嘴："我的爱就那么一点儿，我都给别人了，谁来爱我呢？"对于他们来说，给出某样东西，就像切割身体的某一部分一样，"掏空"了，就"死"了。

②核心感受之一：欲望可怖

某著名心理学家曾说："无意识的愧疚感，让人不能更好地享受自己的欲望和能力。"因此，匮乏的人视欲望为洪水猛兽，避之不及，而一旦被满足，罪疚感便泛滥成灾。

有网友分享了自己的一段经历：自己看中了一件皮衣，当时觉得太贵，没买。有一天趁着商场打折，终于花了2000多块钱买下了，可回家之后，自己好像并不开心，而是充满了负罪感，那件衣服也只穿了一次就压箱底了。

网友的这种感受很可能源于童年时期被父母忽视、贬损、压制的欲望，当这种欲望逐渐内化为坏的、丑陋的、可耻的模样时，靠近它就意味着万劫不复。

③核心感受之二：我不配

与此同时，匮乏触发的另一层孪生感受是：因为美好的愿望从未被满足过，所以一定是"我不值得"。泛化开来，就成了"我配不上这世间的一切美好"。于是，他们通过贬低自己，与欲望保持合理的距离，来避免求而不得的痛苦。

上面的例子中，"太贵"的潜台词是"我不配拥有这么贵、这么美的衣服"；即便买回家，只穿一次就不敢再穿，也是因为这份快乐太昂贵、太耀眼，我不敢享受。

"一个思维＋两个感受"能有效保护人们免于欲望带来的痛苦，却也产生了副作用——匮乏之苦。这个副作用很强烈，影响深远，甚至可以影响后代。

04
如何变"穷"为"富"?

/

如果婚姻中的两个人都有着强烈的匮乏感,那么婚姻自然"穷"得叮当响。

"穷养婚姻"令人受尽委屈,还祸害子孙,那还等什么,离呗!然而,人离得了关系,却脱不开自己,不先处理自己身上的"穷酸味儿",下一段关系仍然会受其影响。

在我的指导下,朋友决定并开始改变。

①自我觉察

先接纳自己的匮乏,再去捕捉和体会这种匮乏感,看见潜意识搞的各种把戏。

新年前夕,朋友路过一家花店,突然想买一束花,回家装点一下。很快一个念头升起:"一两百块钱的东西,买回家不到一周就凋谢了,你好奢侈啊!"紧接着,另外一个声音响起:"这种精致的生活,你也配?"

她没有着急屏蔽这些刺耳的声音,而是站在花店门口体会这种感觉,她足足站了十分钟,那十分钟很煎熬,也很宝贵,匮乏的运行机制逐渐清晰:欲望升起—贬低欲望—自我攻击—贬低自己。

明明不缺这一两百块钱，可内心深处就是有一种强烈的撕裂之痛，不惜一切代价地要将这个微小的愿望残忍杀戮掉。

她哭了："我究竟为什么要这样亏待自己啊？"

②认知矫正与刻意练习

在这次事件里，朋友调整了两个认知：第一，物质资源、精神资源都是可再生的，只要有心，就能生生不息；第二，我不再是弱小的孩子，自我满足权在我自己手上。

这番调整为她注入了巨大的力量，她不仅将花买回家，直面了婆婆的刁难，处理了内心的不安，拥抱了陌生的满足感，还将其扩展到了生活的各个方面：不再纠结养娃儿的费用，在能力范围之内，一律选最好的；不再压抑自己，瑜伽、购物、闺密聚餐，一样都不少，过得光鲜又滋润；不再抱怨老公不带娃儿，重新给出了包容和关心；帮婆婆分担力所能及的家务，陪她聊天，用护手霜小心翼翼地为婆婆护理粗糙的双手。

朋友总结了改变以来的几个心得："适应了自我满足之后，只有一个字——爽；果然，敢花钱才更会赚钱，目前我们夫妻俩正在开拓新的赚钱渠道；老公和婆婆还是会有意见，但我用爱和行动温柔地堵住了他们的嘴。"

③系统改变

系统理论认为，任何一环发生变化，都会带来系统的改变。朋友这颗"小螺帽"异常运行了一段时间之后，家庭系统彻底变了。

比如，大半夜奶爸上线，抱着娃儿在客厅走来走去，轻声哄着："儿子，别哭了，让你妈多睡会儿。"婆婆也学会找乐子了，有时候出去跳个广场舞，神采飞扬，碎碎念少了很多。桌上的菜品越来越丰富，偶尔馋了，全家人还会出去饱餐一顿。而且，老公把握住了一个好机会，换了份更高薪的工作。

再见面时，朋友感慨不已："没想到，放弃了'穷养'的婚姻，我活过来了，我的婚姻也活过来了。"

少操点儿心，
别再把老公当儿子养了

母亲节的时候，我一个旧友正式升级为妈妈，幸福之情溢于言表。怀孕期间，她还上传了自己的"孕期日记"，状态好得令人羡慕。

我的这个朋友，曾经是一个性格大大咧咧的女汉子，有过一段婚姻。那时候，她白天辛苦上班，晚上做兼职，面对前夫那样一个整天躺在床上、四肢都快躺退化的男人，挑起了家庭生活的全部重担，无怨无悔。可她前夫却在外面各种拈花惹草，最后跟别人生下了孩子。

这是典型的把老公当成了儿子养。

而这次，和她携手走进婚姻的居然是小她10岁的"小奶狗"，这段姐弟恋从一开始就令亲朋好友担忧：她这是想重蹈覆辙，打算重新养个儿子吗？

01
原来是"后妈"

/

一个女人在网上吐槽。

她和老公结婚5年，自己每天下班洗衣做饭，家务全包，老公就躺在沙发上打游戏。她最怕出差，因为每次出差回家看见的指定是扔得满屋的脏衣服和各种垃圾，整个就是一狗窝。

她也抱怨："你没手没脚吗？就不能稍微收拾一下？"可老公总是臭着脸，白眼一翻："我做不来，这些本来就该是女人做的。"真是气得她想吐血。

有一次婆婆来了，娘俩在客厅一边嗑瓜子，一边看电视，她忙里忙外，腰酸背痛，好不容易忙完了，刚想坐下歇歇，老公扭头看着她："我们有点儿饿了，你去炒个鸡丝面吧，我妈爱吃。"

她说："那一瞬间，我才发现说自己是'保姆'都高估自己了，哪有全天24小时无休还免费的保姆？我才是他妈，而且是个不招人待见的'后妈'。"

一石激起千层浪，网友们反响热烈。有人表达共鸣："我和你有同款老公，姐妹，我太懂你的苦了。"有人表达惋惜："你已经很贤惠了，你老公真是身在福中不知福。"有人表达愤怒："这么自私的男人，还不离婚等什么呢？"

知乎上有个问题:"什么样的伴侣值得我们相伴一生?"高赞回答是:"能把你当成孩子宠的伴侣。"这个回答其实不算错,因为在亲密关系里,能接纳对方的"退行"时刻,抱持对方脆弱的内在小孩,是高质量关系的一种表现。但很多人似乎有一些误解,心理上的理解和支持给不了多少,反倒是日常生活方面,把对方"宠"成了什么也不会的孩子。

尤其是女性,本就被传统观念赋予了"相夫教子"的责任,天生又比男性细致、耐心,于是很多女人把照顾家人当成了理所当然的事情,甚至当成了自己的主要价值所在。可是,如果对着老公"母性泛滥",很可能就真成了他的"妈",婚姻中,只剩下自己兢兢业业、单向付出的身影。更糟糕的是,以为他会对自己无限依赖,可是转头,却发现人家可能早已成了别人的"守护神"。

"我这么辛苦,他到底还有没有良心啊?男人没一个好东西。"没想到,有一天这句经典台词会从自己嘴里脱口而出。

02
是爱、控制还是利用?

/

有人把这称为"爱":我爱他,所以想照顾他、对他好,有错吗？

弗洛姆认为，真正的爱情可以在对方身上唤起某种有生命力的东西，而双方都会因此充满快乐。可明明一方深感疲累，另一方却毫不领情，完全不为所动，关系如同一朵日渐凋零的花，这样的爱是无力的。

一边抱怨和吵闹，一边却仍在坚持，无奈之下，你只能叹着气说："没办法，改不了，习惯了，凑合过吧。"我倒觉得事情并没有这么简单。

有一次家庭聚会，大家集体批斗姐夫，原因是他气哭了我姐。我姐让他收拾碗筷，他却一拖再拖，我姐只好挺着大肚子亲自动手。姐夫过意不去，放下手机跟着一起收拾，却真的只是"洗了碗筷"，锅没洗，灶没擦，还坐在沙发上洋洋得意地说自己做好了。我姐只好走进厨房重新收拾，他直接扔出了一句："你不用做啊，又没人让你做，你休息就好了。"

于是我姐爆发了，怒斥姐夫不会做家务。姐夫认怂，在我姐的要求下开始拖地，但在他的操作下，吸尘器"完全丧失了吸尘功能"，我姐无奈，只能重来。

大家纷纷指责姐夫："你还是个男人吗？竟然让一个孕妇伺候你。"其实，姐夫多少是有些委屈的，他不是不做，只是做的"标准"和我姐不同。我姐多次出手"善后"，都是因为忍受不了姐夫的"低标准"。这个无法忍耐的背后，一方面是生活习惯的差异,另一方面则藏着一种微妙的控制:我行,你不行,所以你需要我。所以姐夫的"你不用做"瞬间激怒了我姐,这是在否定她的"被需要"。

一旦对方认同了伴侣的投射,接纳了自己"不行",很可能就会慢慢变得"四肢退化",你得到全部控制权的同时,也承担了所有的责任,"母子联盟"正式达成。

之前看到过一个令人匪夷所思的新闻,一对"地下室夫妻"就是这种极端的情况:女人长期让丈夫蜗居在隐秘的地下室,女人提供充足的食物、照料和性爱,男人不需要承担任何生活责任和压力,完全退化成了一个躺在床上嗷嗷待哺的"婴儿"。与其说这是一种付出,倒不如说是利用:通过表现得很能干、很会照顾人,来满足自己的需求和价值感。

03

不为人知的需求

/

满足"价值感"倒是好理解,被需要就是一种价值。可是,满足"自己的需求"从何说起呢?

从精神分析的角度,这有两层意思:第一,把不想体验的感受投射出去,对低价值感的人而言,无能意味着在关系中没价值、不重要，于是通过"能干"来回避对无能的恐惧，并如上文所说，把对方变成一个无能的人，来凸显自己的"能"；第二，把想要的体验创造出来，通过照顾别人，来间接地满足自己被照顾的愿望，弥补自己内心这部分体验的匮乏，通俗来说就是，你渴望被怎样对待，就会怎样去对待别人。

《红楼梦》里的薛宝钗，看似是个完美女人，面容端庄、才华横溢、沉稳内敛、通晓人情世故，可却从来没得到过宝玉的心。她给宝玉讲人生、讲仕途，照顾他的学业和生活，像慈母一般360度无死角地关照他，宝玉却始终只爱着林黛玉。

我们来追溯一下薛宝钗的童年。自父亲去世后，宝钗家道中落，只有一个不中用的哥哥和毫无治家本事的母亲。在母亲的盘算和引导下，她从小就肩负起重振薛家的重任，成为家里的主心骨，她总是在照顾全局、照顾家事、照顾别人，却很少被体贴和关照。为了胜任这个角色，她的天性和需求被压抑着，渴望被照顾的心从未得到满足。直到遇见心上人，内在的创伤与渴望被激活，而无力表达需求的她，只能通过"利用"宝玉来自我满足。无奈宝玉不买账，也不接受任何投射，宝钗虽然赢得了婚姻，却输了爱情。

反观林黛玉，倒是"作"得肆意妄为，想说便说，爱恼就恼，腔调虽然曲折婉转，但攻击性一点儿都不弱，被戏称为"林怼怼"。不论其他，单凭这一点，她就是敢于表达自己的意愿的。

04
别"密谋"老公的缺位

所以,老公缺位,女人需要承担起一部分责任。而想改变这个状态,就得先有意识地调整自己在关系中的位置。

回到我的那位旧友,在现任老公身边,她从"女汉子"摇身一变,成了"小公主"。不管多晚下班,她老公都坚持开车接她回家;深夜加班,老公会送上她爱吃的松仁玉米、干烧带鱼;婚后也保持着仪式感,每天各种花式表扬和土味情话不绝于耳,这些她都甘之如饴地接受了下来。

她说:"现在我可以撒娇,可以卖萌,可以把内心世界的真实自己展现出来,我觉得我很幸福。"承认内心脆弱、有需要被呵护的一面,且勇于表达出来让对方看见,才是关系中深度联结的开始;也只有正视、尊重、善待自己的需求,好好爱自己,别人才可能来爱你。这样的她,大概是不可能再养出"儿子"来了。

至于"技巧"嘛,我这位朋友表明,撒娇挺管用。那些会撒娇的女人,一会求剥虾,一会求按摩,再投放几个撒娇技能,老公都甘之如饴,悉数满足。这样的幸福,试问谁不想拥有?

总之,让自己先回到平等、双向的"恋人位",老公才有归位的可能。多一些"公主"的甜蜜,少一些"老妈"的抱怨、劳累和操心,愿你在婚姻中收获的是爱情。

被家暴、出轨：
只要你愿意，你就能离开

01
没有及时止损，是因为得到了好处
/

前段时间，"家暴"成了一个热词。

先是某知名美妆博主在微博发声，晒出自己遭遇家暴的经历，一个月内被家暴5次，尾椎骨受伤，视频里男友野蛮地将她拽出电梯，绝望的挣扎令人心疼；紧接着，某知名男星的女友也称受到了家暴，说该男星是暴力狂、控制狂；再然后，曾因家暴坚决离婚的某知名人士竟然亲自发文，称其原谅了前夫，疑似与前夫复婚……

这引发了很多人的困惑："既然已经了解对方的个性，也知道会受伤、不合适，可为什么有些人还是忍不住要反复纠缠，这到底是怎么了？"

都说成年人的基本能力之一是及时止损，但在亲密关系中，却似乎没那么容易。为什么？

系统论的观点认为：关系是一个系统，系统是活的，所以系统的改变是恒常的，不变才是刻意维持的。比如说，一对夫妻十几年来一直非常恩爱，那么这个恩爱的状态一定是双方付出了努力去经营的，否则，关系就变淡了、变质了，系统就发生了变化。同样，如果一段亲密关系总是处在某种危机和困境中，也是因为关系的双方都做了些什么，互相配合着在维持这个状态。再深挖一些，双方都在这种关系模式中获得了一些好处，才有动机共同维持现状。

有人可能会质疑："我在关系里受了那么多苦，差点儿连命都丢了，我得了什么好处？"

其实这里面有"猫腻"。

02
我对你好，你也应该对我好

前面的那个美妆博主提到，每次家暴之后，男友都会非常真诚地道歉，誓言保证接连而来，甜言蜜语攻心不断。最后的结果就是，女人心软了，和好了。"心软"，"软"的是什么？

其实，"不舍曾经的美好"之类的理由只是表象，这背后可能是在印证自己的基本逻辑：你看，我没错吧，我对他那么好，他是知道的，他也会对我好的。

这种基本逻辑的形成与社会文化背景相关，与父母的言传身教相关，最后完成了内化：我对你好，你也应该对我好，来而不往非礼也。然后，在这种指引下认识世界、探索世界，结交和建立各种关系。每一次的正向反馈都是印证和强化，久而久之，就成了一种支撑世界观的基本信念，不可动摇。直至有一天，出现一个人，我真的好爱他啊，我要拼尽全力对他好。可他呢？家暴、出轨、自私冷漠，丝毫不顾我的感受。这与基本信念不相符啊！

此时一般有两种防御方案：

一种是向外发起攻击：为对方打上"渣男""极品""奇葩"的标签，把个例赶出信念，老死不相往来。这种人能够及时止损，但是如果不成长，可能会在新的亲密关系中再次受到伤害。

另一种是向内发起攻击：他这样对我，一定是我做得不够好，没得到他的认可，是我的错，不是信念的问题。这种模式源于孩童时期，缺少父母的爱和关注的孩子无力责备父母，把一切归咎于自己，于是更加努力地迎合和讨好父母，乞求多一点儿爱。在亲密关系里，这份创伤被重新激活了，开始强迫性重复。

所以，当对方温言软语时，自己很容易就心软了：一是有了"做得更好"的机会，从而迅速忘记对方带来的痛苦，开始新一轮的幻想；二是有了继续证明基本信念的机会，我不信我的好得不到应有的回应。

那些经历了家暴又回心转意的人，哪里是在给对方机会，分明是在给自己机会。这也是好处之一。

03
征服不了你，是我的魅力不够？

/

我有一个朋友，漂亮又优秀，可她的老公却平平无奇，还与其他女人暧昧不断。慢慢地，她变得眼神黯淡，敏感又自卑。最后她得出的结论是：自己魅力不够，不能让他死心塌地。

这让我想到了曾频频曝光的"PUA"男的打压策略：越是优秀的女人，越要怠慢、压制，挫伤她的自信，让她失去自我，这样就能轻易操控了。这帮男人其实挺"聪明"的，懂得精准利用优秀女人的自恋进行打击。

人的自恋受损后，一般会有两种表现：一种是捍卫自恋，想方设法展示更加优秀的自己。这部分人的核心信念是：我这么好，不信征服不了你。还有一种是认同对方，自恋的能量转化为同等强度的自卑，甘愿被操纵，也无力从关系中逃离。这部分人的核心信念是：我原来这么差劲，失去他，我将一无所有。

这两种表现，无论是哪种，糟糕的关系都将得以维持。

还有一种自恋，是"圣母情结"。比如铁凝的小说《永远有多远》里的白大省，永远在用热脸贴冷屁股。当另攀高枝的男友被抛弃，带着不到2岁的女儿回来，想找白大省做"接盘侠"时，她居然因为小女孩儿一块脏兮兮的毛巾而痛心疾首：他们这过的是什么日子啊，太难了，我要拯救他们。于是，她浑然忘却了曾经的伤害，火速结婚。

"圣母情结"的根源在于全能自恋的固着，小时候父母的照料越不充分，她就越需要保留婴儿时期的全能自恋来支撑自己活下去。长大后，当自己拥有了照料能力时，便将这份无助感投射出去，在别人那儿满足自己的全能感。尤其在亲密关系里，不惜飞蛾扑火，以宝贵的时间、金钱和情感为代价，只为换一个让"浪子"回头的满足感：你这么渣，我还对你这么好，我真的好伟大，你还不好好珍惜我吗？

通过自恋来维系自己的存在感、价值感，这是好处之二。

04
我不信童话里都是骗人的

/

一个被家暴的女人,当别人问她为什么不离开这段关系时,她流着泪说:"我不相信自己的爱情是这样的,也许他有他的难处。"

爱情应该是怎样的?

提到这个问题,大部分女性朋友都会沉浸在一片幻想中,不论是未婚还是已婚。我总结了一下,这些幻想有几个基本点:一个完美、超能的伴侣;一份心意相通、固若金汤的关系,有弱水三千只取一瓢的剧情更佳;只有幸福和笃定,不见苦难与分离。我问她们:"你们身边有这样的爱情吗?"大部分人都会沉吟片刻,然后摇头,但接着又补充:"但是很多小说、影视剧里都是这样的,很多情歌唱出来的也是这么个感觉。"

是啊,毕竟从安徒生的"王子和公主从此幸福地生活在一起"开始,一直就是这个套路。这些作品很好地满足了人们对理想客体的幻想和投射,于是人们坚定地认为:虽然暂时找不到,但不代表世界上没有,不然怎么会有那么多人歌颂呢。

这份执着,同样来自童年。

当意识到父母不完美时,受挫的孩子开始通过想象勾勒出理想父母的样子，以及与他们相处的理想模式。如果父母特别糟糕，这种幻想也是一种抚慰创伤、支持他们活下去的力量。而上文关于"理想爱情"的基本点，几乎就是当年关于"理想父母"的复刻与延续。

那些文学作品的创作者，只是更擅长勾勒、描绘和表达罢了，"玛丽苏"的剧情里，没准儿正充斥着他们自己的投射。

于是，当现实中的爱情不尽如人意时，防御机制会屏蔽掉一些东西，包括：

拒绝接受爱情的失败：我的爱情不应该是这样的。

拒绝接受伴侣的人设崩塌：他肯定有他的难处。

拒绝接受关系的破碎：再等等吧，会好的。

当现实的爱情崩塌时，"理想爱情"支撑住了对于美好和圆满的向往，也支撑住了人的基本动力，此为好处之三。

05
"猫腻"如何破？

那么，"猫腻"如何破呢？

其实，无论是捍卫基本信念、自恋还是理想爱情，都是在捍卫自我完整性。因为它们浇筑在人格中，是构成核心自我的重要组成部分。任何一种防御失败,都会引起自我崩解,自我崩解的体验是:原来熟悉的世界崩塌了,所有的感觉都变得缥缈、虚幻,一切都不再值得信任;被置身于一个充满巨大不确定性的陌生境地,威胁和危险并存,焦虑和恐惧丛生;我是谁?我在哪儿?我为什么要存在?自我破碎,动力系统受损,潜意识要回避这种生存危机,于是搞出一堆"猫腻",劝你留在关系中,尽力配合着维持系统平衡。这样,你也就留在了自己熟悉的世界里。

所以,止不了损,不一定是放不下对方,而是放不下自己。想要破解"猫腻",就得打破这个平衡,让系统在失序后重建,正所谓"不破不立"。

系统发生改变有两种情况:第一种,当承受的伤害远超获得的好处,一般是面临生命危险,比如前文中的美妆博主,被打死的恐惧战胜了自我崩解的恐惧,于是她清醒了过来;第二种,自我意识觉醒,主动成长和改变。

害怕自我崩解的人,其实是在抗拒成长,成长意味着更新和变化,也意味着丧失和分离。但成长也会有新的获得:

放弃"我对你好,你就应该对我好"的信念,会获得更整合的视角:不是每个人都有同样的三观,他对我的身体或情感进行虐待,这不是我的错。

放弃不健康的自恋,会获得更广阔的自由:我的价值我自己定义,不需要通过他来证明什么。

放弃对理想爱情的幻想，会获得更踏实的心态：允许童话破灭，把力比多撤回到现实，解决好当下的问题。

其实，难以体验到成长的乐趣，是因为很多人缺乏在破碎中重建秩序的能力。自我崩解之后，就是永无止境的黑暗、消极和颓废。那就尝试着去借助一些外部力量吧，比如找头脑清醒的家人、朋友多聊聊，或者多看些书开阔眼界和心境，再或者求助专业的咨询师。

无常是常，自我也不能太僵化。只有保持迭代更新，才能让 CPU 适应更复杂多变的环境，不是吗？抓住每一次成长的机会，尽情成长，这才是你能收获的真正好处。

内心孤独的人，
更易暧昧成瘾

01
喜欢暧昧的人

在一个讨论"你怎么理解暧昧"的帖子里，看到了网友 A 的故事：

晚上 12 点，A 在照顾应酬醉酒的老公时，无意间看到老公的手机屏幕亮起，一则微信消息划过屏幕：晚安。A 心头一紧，警觉地拿起了老公的手机，打开微信，是一个女人的对话框，只有当天晚上的几条消息，但是语气关切又暧昧，显然，之前的聊天记录被手机的主人刻意删掉了。A 的脑子"轰"地一声炸开了。

第二天，老公给出的解释是："普通同事，没有任何越轨行为。"

A说，老公自信优秀，女人缘一直很好。从谈恋爱的时候开始，A就发现他时不时地会和别人暧昧。为此，A闹过，可老公就淡淡的一句话："普通异性朋友之间聊聊天都不可以了吗？你也太敏感了吧。"没什么后续，因为A很爱老公，这种事只能不了了之。

但A没想到，结婚之后，老公仍然如此。

A觉得很不舒服："暧昧，真的让男人这么上头？"评论里有人回应："何止是男人，女人上头的也不少，人渣不分性别。"

有人说："暧昧是最性感的时光：介于爱与不爱之间，就像一层薄纱，影影绰绰，藏满了小心思和呼之欲出的甜蜜。"

一般来说，经过"暧昧"这个阶段后，便会迎来爱情的降临，紧接着，亲密关系就会郁郁葱葱地长出来。可偏偏有些人，过分贪恋暧昧的朦胧美，那犹抱琵琶半遮面的爱意一直刺激着他们荷尔蒙的分泌。这样的快感，让他们渴望延长暧昧的时间，甚至不顾道德地人为制造暧昧。因为在他们看来，暧昧不用花费太多力气，并且还持续暗示着爱情到来的可能。

02
暧昧成瘾，也是一种防御

/

很多人不知道，其实，暧昧成瘾也是一种防御。

首先，它防御孤独。

孤独是一种主观感受，是与人或事失去情感联结的状态。单身的孤独主要源于无人陪伴，那婚姻里的孤独感呢？

有朋友说："结婚十年，彼此已经成了对方空气般的存在。俩人除了吃饭、睡觉、孩子，再没有多余的话。没有外遇，没有小三，没有任何狗血事件，只有一潭死水和深入骨髓的孤独。"有人将这种现象归因于被平淡磨平了激情，其实更深层的原因应该是：共生。

当婚姻进入稳定状态，双方的生活节奏、思维方式、个性行为越发趋于一致。于是，心智分化不够的人，很容易混淆边界，开始你我不分——"牵对方的手就跟左手牵右手一样"。无法感知对方的不同，关系在心理层面就会消失，所有的喜怒哀乐都变成了自说自话。这时，孤独感几乎就不可避免地到来了。但是，暧昧带来的新鲜和刺激，能让人重新感知到鲜活的客体。于是，关系活过来，孤独感也就大面积消失了。并且，只要不进入亲密关系，共生模式就不会被轻易触发，关系常有常新，孤独永不降临。

其次，它防御亲密。

对有些人来说，全情投入到一段亲密关系里是很困难的，因为这会触发他们内心极大的不安。

《阿飞正传》里，作为浪子代表的旭仔有一句经典台词："这世界上有一种鸟是没有脚的，它只能够一直飞，一辈子只能下地一次，就是死亡的时候。"没有脚，就不能依靠，也意味着不能停靠在亲密关系中。这也是旭仔在两个女人之间纠缠不清，最后两段感情全部失败的真相。

无论是早年的母婴关系还是两性关系，在亲密关系中经历过重大创伤的人，都可能会产生不安全依恋。为了对抗这种不安全感，有些人选择不进入亲密关系，比如旭仔，而有些人即使进入了亲密关系，也仍然会与深度联结保持距离，因为这样能有效防止创伤被重新激活或复制。

暧昧这个行为，就是在帮助他们保持距离，以便暗示自己：即便这段关系失败了，我也没有亮出底牌，我还有后路，可能还有更好的，我不用慌。

最后，它防御"干枯"。

暧昧给男人带来征服感，给女人带来虚荣感。这些感受都指向一点：我的性魅力依然充足，我依然具有足够的吸引力。源源不断的暧昧，使沉溺于暧昧中的人感受着永葆青春的假象。

03
暧昧关系，没有赢家

/

林夕有一句歌词："茶没喝光就变酸，从未热恋就已失恋。"

在一段刻意制造和维系的暧昧关系里，被暧昧的一方无疑是饱受折磨的：对方一直在贩卖爱情的可能性，却永远不会给予自己真正的爱情。因为对方贪图的是可能性本身，而非爱情和你。梦醒时分，面对自己用真心换来的"弃之可惜，食而无味"的感情，痛苦与屈辱交织，胸口鲜血淋漓。

那么主动暧昧的这一方，可能确实"一时爽"了，但会"一直爽"吗？

有这样一个咨询案例。

来访者是一名男性，已婚，有与多名女性保持暧昧的经历，因最近一次情感纠葛导致女方患上抑郁症，他感受到了较大的心理压力。

咨询过程中，来访者说了这样一段话："我对她们确实有好感，但我有老婆孩子，没想过怎么样，只是经常约着聊聊天、吃吃饭而已。没想到，她们那么容易就动了真心。以前觉得，这种程度根本不至于寻死觅活，现在发现自己确实很自私，真的是烂人一个。找人暧昧本是想打发寂寞时光，现在却觉得更加空虚了，自己的婚姻也受到了影响。爱情是什么？婚姻又是什么？其实挺没意思的。"

主动暧昧的一方，在享受快感的同时也付出了代价。

首先是丧失获得幸福的能力。

关系中的幸福感源于深耕细作，这是通向深度联结的必经之路。这个过程，我们需要练习很多：共生的，要练习分化；孤独的，要练习联结；枯萎的，要练习爱与被爱。每一项都极耗时耗力，却是取得"真经"的修行。不屑于这样的练习，注定得不到幸福。而暧昧浅尝辄止，囿于隐约触碰，那种肤浅的刺激分散了时间和精力，也腐蚀着对待爱情的态度和观念。这也是上述来访者"觉得更加空虚"的原因：不愿意在婚姻中安心修行，宁愿寻找节外生枝的快乐，却始终没有建立一段高质量的关系。

其次是身受负罪感的折磨。

比起出轨，暧昧看似没有越界，不用负责，也不必负疚，但实际上，彼此（或一方）的感情是发生了越界和融合的。暧昧关系破裂之时，虽然彼此（或一方）可以用"没有表白，只是朋友关系"来为自己开脱，但内心依然会产生冲突。尤其当别人付出了真心却深受伤害时，只要是心智正常的人，内心深处都会觉得自己难辞其咎——毕竟，人造暧昧的实质，是一场欺骗。

本咨询案例中，患抑郁症的女性唤起了来访者的负罪感，于是他说："我觉得对不起她，我不知道该怎么办，我不敢面对。"

04
滋养的关系是什么样的？

/

关于暧昧，有一段经典描述："独处嫌孤单，恋爱怕腻歪，处在中间的暧昧是自由的。时而庆幸独处，时而又窃喜似恋又非爱的状态。"

细细一品，这是掌控感的味道。但这种掌控感，只是为了对抗内心的焦虑。而暧昧的结果是既无法享受独处，也不能发展亲密关系，也就更谈不上滋养了。

真正滋养的关系应该是这样的：

①深度亲密

共生不是亲密，是吞没，真正的亲密建立在两个独立的人之间，是全身心地投入到关系中，彼此看见、彼此呼应、彼此扶持、彼此探索。比如有的老夫老妻，讨论一块腊肉的做法都能乐在其中，看着对方的眼睛闪闪发光。同样的柴米油盐、平淡琐事，在深度联结的关系里，每一次都是两个星球的碰撞、火花和融合，其乐无穷；反之，则是无休无止的厌倦、不耐烦、无聊或者争吵。

②充分自由

我们是亲密共同体，但也该允许双方偶尔回到各自的人生轨道，拥有各自的时间、空间、想法、决定甚至秘密。这其实就是尊重对方的独立性和边界。有一句话是这样的："我是爱你的，你是自由的，同时，我也是自由的。"亲密如果成了捆绑的绳索，而不是互相成就、满足的助攻，也就失去了亲密的意义。

③享受孤独

无论是单身还是已婚，每个人都会有独处时的孤独时刻。独处考验的其实是与自己的关系，能够安于当下、自我滋养，就能享受孤独。并且，这种滋养的能力还会带人亲密关系中：当你拥有了一个有趣的灵魂，你的亲密关系也会变得有灵魂。

比如，我有一个致力于"中年可爱"的同学，就利用不少独处时光，把自己修炼成了大厨。绝佳的手艺、精致的菜肴、暖心的氛围，每一次用餐时光都特别治愈和幸福，朋友们都爱去他家"蹭饭"，而他的人脉也越来越广。

享受孤独，不仅滋养了自己和家人，也滋养了其他关系。

高质量的亲密关系，亦如舒婷的《致橡树》中所描述的：

根，紧握在地下
叶，相触在云里
每一阵风过
我们都互相致意

我们分担寒潮、风雷、霹雳
我们共享雾霭、流岚、虹霓
仿佛永远分离
却又终身相依

愿你我都能好好修行，最终都得偿所愿。

情绪越稳定，
亲密关系越和谐

和闺密看电影，男主是一个有着神级战斗力、性格高冷稳重的人，可对自己的小徒弟却总是充满温柔和宠溺，全程小心呵护、耐心引导。对此，闺密不禁发出了灵魂拷问："我对于这一类型的男人没有任何抵抗力，这到底是为什么呢？"

闺密指的"这一类型"，具体就是外在高冷、内在柔情。很多人认为这种个性反差易令人沉沦，但这只是表面。深层次来说，一个人高冷的气质虽会让人产生距离感，但其沉默寡言中透着沉稳和强大的气场，而柔情的内核能让人的情感需求得到满足。反复被这一类型的人吸引的人，其核心诉求很可能是：渴望一个情绪稳定的伴侣。

01
为什么渴望一个情绪稳定的伴侣？

/

如果一个人总是无意识地想要去亲近情绪稳定的人，那么他可能正缺少这项特质。

一个心思敏感、情绪易变的朋友，在婚后乐观稳定了很多，她说："我老公像一根定海神针，无论遇到什么事情，总能稳稳地接住，再来关照我的感受，然后我的内心就像被什么东西滋养了一样。"

被滋养的正是因缺失而荒芜的内心。儿童精神分析师克莱因提出了"好的内在客体"的概念。婴儿只有在被养育的过程中，不断与母亲重复好的体验，母亲才能作为"好的内在客体"住进婴儿心中。如果母亲的人格不够稳定，那么她不但无法抱持婴儿的情绪，甚至不能觉察自己的状态变化，以及由此产生的一系列忽略、防御甚至是攻击。

"内在客体"其实就是与母亲互动模式的内化。试想一下，如果一个小婴儿因遭遇惊吓而哇哇大哭，可母亲却因为自己正在经历的烦心事无暇搭理，或者厌烦而暴躁地将婴儿推开，那么这个孩子的内心世界就是崩解的。这样的体验重复多了，一旦形成固定模式植入婴儿的底层生命系统，一个叫"命运"的东西就诞生了。孩子习得的世界互动模式为：情绪一波动，紧接着就是世界的急速崩塌和下沉，最后被汹涌的浪潮淹没。

没有被母亲赠予定海神针的孩子，在往后的余生里，遇事会兵荒马乱，形神俱散。他们没有体验过，也从来不知道那种世界末日般的坠落其实是可以被温柔地托住的。情绪稳定？不存在的，世界都毁灭了，你还来跟我谈稳定？

这不是"作"，人表面的汹涌澎湃正是内心世界的映照，所谓的情绪管理，不过是在中间增加了诸如压抑、升华等更多的防御功能。没能从母亲那儿获得的安抚、抱持和接纳，终其一生，他也许都学不会如何给自己。

凭借自我圆满的动力，人都是越缺乏，越渴望。于是，周围所有在发射着情绪稳定暗号的人，都成为他潜意识中欣赏或想要追随的对象，而渴望一个具备该项特质的伴侣，几乎成为命中注定的事情。

02
亲密关系里，情绪稳定有多重要

/

亲密关系里，最常发生的情况就是退行。伴侣一方或者双方都退回到小孩的状态，把自己孩童时期未被满足的需求投射到对方身上，期望对方满足自己，做好自己的"父亲"或者"母亲"。这也是总有人讨论"为什么男朋友恋爱后越来越幼稚"的原因。

这是一个很微妙的时机，一方面很容易因为"巨婴"状态而引发战争，另一方面，却又是心智成长的宝贵机会。因为对大部分普通人而言，卸下了看似成熟的社会化人格面具和各种防御，回到"两个内在小孩"之间的关系，才是最真实的关系，疗愈才能发生。

读大学时，我们班有一个长得有点儿凶又非常酷的男生，每天舞着双节棍，喜欢独来独往。可是结婚以后，画风巨变，爱穿粉色格子衫，时不时还自称"宝宝"。他呈现出来的就是一种退行状态，从语言到生活都透着一股"傻白甜"的味道。成天带着老婆到处逛，隔三岔五撒狗粮，"宠妻狂魔"的背后其实是他对老婆深刻的依赖。

这位男同学曾经跟我们聊过他的原生家庭，动荡不安的童年，父亲家暴的阴影在他的人格里留下了深刻的痕迹。他自卑、敏感、害羞、不善言辞，课上的自我介绍更是生硬地说完姓名就红着脸走下了讲台。直到他老婆出现，这个姑娘给了他退行的"安全堡垒"，童年时期的创伤在她温柔而稳定的涵容和包裹之下一点点消失了，甜蜜的爱情带来了一个快乐自信的阳光大男孩。

当一方退行时，另一方的状态稳定就显得非常重要。尤其对于那些缺少"定海神针"的人来说，当发生退行时，很可能会回到当年被母亲忽略或抗拒的体验，这时伴侣情绪稳定的回应可以帮助他及时喊停，托住他即将崩解的世界。这个时候，一种前所未有的奇妙体验油然而生：原来我不是一定要被情绪撕碎的，我是可以被托住的，于是，疗愈就发生了。

我朋友的例子中，她老公在亲密关系中就很好地扮演了早期照顾者的角色。随着这样的体验反复强化，"定海神针"有可能会慢慢地在她心里重新长出来。好的爱情能够互相滋养，当双方都有了各自的定海神针，他们就能在亲密关系中更好地互相修补、互相疗愈、共同成长。

03
你想要的情绪稳定，究竟是什么样的

/

如果一个男人只是高冷，恐怕是不会让那么多女孩儿动心的。当被高冷气质吸引时，你并不是爱上了他的冷漠，而是爱上了他高冷气质下呈现出来的稳定气场，以及"对全世界冷漠，只对我一人温柔"的可能。

这里面藏着你对情绪稳定的真正要求：不仅要情绪稳定，还要能给予你专属的、有效的情感回应。什么是有效的情感回应呢？就是能看见你的感受和需求，并且愿意耐心地与你同在，也就是拥有"共情能力"。

我哥哥和嫂子一起在泸沽湖开了一家客栈，有一次，为了支援客栈的运营，嫂子辛辛苦苦从四川运来十几箱物资，非常疲惫。她对着老公撒娇，想让老公哄哄自己，安慰自己一下，可等来的却是我哥不近人情的一顿抱怨，认为他们照顾好自己和客人已经很难了，嫂子还非要瞎折腾："跟脑子有病似的，对着一堆箱子发火。"嫂子当即委屈得落泪。

这样的场景在亲密关系中很常见，要么是我和你发牢骚，你跟我讲道理，我的情绪得不到理解和宣泄，最后大吵一架；要么是我说我的委屈，你打你的游戏，像块木头一样偶尔敷衍两句，情绪倒是挺稳定，但你根本没看见也不在意我的感受。

缺少共情的情感交流几乎是无效的，会让人陷入一种"无回应"的孤独境地。我靠近你，勇敢地展露我的脆弱和需求，是希望你给予我一些情感互动和反馈，让我知道我的感受是被看见、被理解的，我不是孤独的。如果你可以接纳与共情，陪我在情绪里一起待一会儿，我就感受到了你的回应，内在小孩也不用再委屈兮兮地惹事儿刷存在感。亲密关系中的"知冷知热"，不正是它最令人渴求与沉迷之处吗？

嫂子后来找了个机会，专门和我哥沟通了一下："你说的意思我都明白，你说的那些道理我也都懂，你是着眼于现实考虑，也没错。但我还是要告诉你，有时候女人是不想听道理的，你能不能哄哄我？情话请多来一打！"这就是人对共情的需求。

简单来说，共情就是跨过边界，从自己的世界暂时抽离，来到你的世界陪着你。"箱子事件"中，嫂子希望我哥能够进入她的世界，感受一下她的用心良苦和疲惫，在现实生活中，就是我需要你稍微放下手头的事情抱抱我，陪陪我，哪怕只有很短的时间，都能给我安定的力量。

电影里，那个男主对小徒弟的耐心引导和鼓励，流露出来的柔情体现的正是他的共情能力。这样一个颜值高、能力强、情绪稳、共情深的人设，本来就是不少人心中的理想客体，广受追捧也就不足为奇了。

其实并不局限于"高冷系"，只要当伴侣需要时，能够保持情绪稳定和共情，这样的爱人就是十分难得的，拥有这两项特质的关系也一定是一段不错的亲密关系。尤其对于经历过童年时期兵荒马乱的人来说，能够遇见一个这样的亲密爱人，将会成为一生的幸运。

你能接受伴侣有秘密吗？

有一次，我看到有网友在群里求助，说她遇到了一个难题：她的家族中有不少亲人都有遗传的精神病史，但不算特别严重。

一年前，她谈了一个条件不错的男朋友，男孩真诚、温暖、幽默，她非常喜欢。眼看着马上要谈婚论嫁了，婚检并未查出异常，而男友也一如既往地爱她。但她却开始焦虑，她家族中的遗传精神病史一直是她小心保守的秘密，从未向男友提及。她想与男友开诚布公地谈一次，但又害怕男友无法接受，害怕失去他……

"伴侣之间的秘密"这个话题似乎总是格外敏感，却又令人欲罢不能。

一边是"不要翻伴侣的手机，没有一个人能从伴侣的手机里活着出来"的泣血警告，一边是超万个跟帖的热帖讨论："你有什么不愿意告诉另一半的秘密吗?"

这个问题呈现出来的矛盾在于,很多人不能很好地界定:我要求对方毫无保留地坦诚是错的吗?伴侣之间是否有保有秘密的必要性?如果有,应该保有什么样的秘密?

01
亲密无间,是对失控的防御

/

有首歌这样唱道:"我和你的爱情,好像水晶,没有负担秘密,干净又透明。"歌词听起来特别纯净美好,但追求"水晶"般的亲密关系背后,可能是你的潜意识在防御失控的焦虑。

亲密关系中身体和情感上的"水乳交融",很容易让人回到婴儿与母亲的情感体验,那种被绝对的温暖、亲密、依恋、安全包裹着,与对方发生强烈融合的感觉。这实际上是初生婴儿的一种共生状态:我和妈妈没有界限,不分彼此,你中有我,我中有你,浑然一体。这也成了一些人对于"亲密无间"的终极理解和幻想。若是在成长过程中,个体分离化比较成功,那么他既能享受这种亲密融合,也能适时灵活地调整边界,将彼此再分离成独立的两个人。

但是,对于因创伤而未能顺利完成心理分化的人来说,可能会在亲密关系中强迫性重复共生的体验，只有待在这种状态里，"我"才是活着的、安全的。所以，"我"要求你必须跟"我"保持完全的一致：一致的想法、一致的感受、一致的目的、一致的行动。"我们"是一个整体啊，你怎么能和"我"不一样呢？如果你有二心，就代表要背叛"我"、杀死"我"。任何的间隙和空间都会触发他们深深的恐惧和焦虑。于是，知晓一切、控制一切成了他们安身立命的"救命稻草"，他们通过操控对方来达到维持共生的目的。

有人抱怨："我一外出和朋友吃饭或者工作，老婆的电话就一直响个不停，不停地追问我在干什么，只要联系不上我她就会崩溃，她太没有安全感了。"

没有安全感的根源，就是因为渴望亲密无间的共生状态，因为害怕与对方分离，所以只能用控制来抵御焦虑。不管去哪里，我都要跟你黏在一起，出差应酬请时刻报备你的行踪，手机密码请共享，以证明彼此的纯洁透明。

有问题吗？没问题，这是我们亲密无间的表现啊。这种情况下，秘密的出现无疑是个巨大的威胁，因为他们将面临失控的危险：你在我面前不再透明了，我们要解体了，我要失去你了。为了避免此类事件发生，很多人会不计一切代价地去破解对方的秘密，比如偷偷翻看对方的手机。但是往往到最后，手机变成了手雷，把关系炸得分崩离析。

02
伴侣之间"秘密"的意义

/

"秘密"其实是一个中性词,它代表的是一种私人空间。这个私人空间可能盛着一个人黑暗的、羞耻的、负罪的、遗憾的种种想法,可能装着甜蜜的、美好的、充满幻想的小心思,也可能静静地躺着善意的沉默。甚至,可能什么都没有,就是一处留白:我不想与你共生,我需要一点儿距离让我的灵魂喘息。

达芙妮·霍尔特博士认为,私人空间是一种舒适区。任何健康的关系都需要保持一定的私人空间,即便是融合程度较高的亲密关系也是如此。对对方独立性和个人边界的尊重,能为彼此腾出这个舒适区,关系才有可能长期稳定地发展。

如果伴侣守着一个不愿意透露的秘密,就表明这个私人空间谢绝你的进入。不论秘密内容的好坏,若是执意破解,就是野蛮的非法入侵,对对方和关系本身都会造成巨大的伤害。

《欢乐颂》里的安迪和魏渭,是周围不少朋友喜欢了很久的情侣组合,最终却没能在一起。二人并非不够爱,而是魏渭吞没式的爱让安迪无意识地想要逃离。

魏渭是那种边界感弱、控制欲强的人,他理想的亲密关系就是双方完全透明、坦诚,毫无隔阂与秘密。所以他一方面会把自己所有的财务、家底、个人资料等信息悉数拱手上呈，另一方面也会要求安迪与他保持一致的态度和做法。但是安迪有不想让人知道的过往，她无法和盘托出，选择了保留。这是魏渭无法接受的，于是他背着安迪主动调查了安迪的身世背景，伤了安迪的自尊，导致了关系的破裂。

好的亲密关系应该有一定的灵活度，在某些时候融合，在某些时候分离，在某些事上融合，在某些事上分离。当彼此表达依恋的时候，选择融合；当回到各自人生的时候，选择分离；为爱而自愿妥协，选择融合；对方坚持保留秘密，选择分离。

"亲密感"是相对存在的，只有保持双方的独立个性和空间，当发生依恋融合时才有亲密感可言。而一直都处于共生和融合状态，合二为一的后果则是吞噬对方，吞噬空间，也吞噬了彼此亲密的可能。

03
正确拥有秘密的方式

/

美剧《致命女人》片头，几位男主角有一番这样的陈述："我们生活幸福，不过只维持了几年。直到她发现了我的秘密，然后，生活就天翻地覆。"最后，这几位男士因为共同的秘密"出轨",都被自己的女人夺走了性命。为什么这种秘密会致命?原因很简单,因为它对伴侣造成了严重的伤害,激怒了对方。

亲密关系中,基于清晰的个人边界,秘密可以分为三种:

①只与自己有关的事

比如在电视剧《欢乐颂》中,安迪不愿提及的过往,这是私事,如果不愿意分享,就有权一直作为自己的隐私。

②与伴侣有关,但不会伤害对方的事

比如"不愿意告诉另一半的秘密"中,为维护男友的自尊,偷偷在对方面前装傻的花式恩爱,这种善意的隐瞒反倒是滋润关系的一种技巧,能够很好地促进关系发展。

③与伴侣有关,并且可能会有损对方的感情、利益,对关系造成威胁的事

比如出轨和隐藏家族亲人的病史,前者是对伴侣的不忠和背叛,且第三者危及伴侣的实际利益;后者可能对伴侣的幸福和二人的后代产生影响。这些秘密一旦被发现,关系大概率将宣告结束。

人们对前两种秘密一般都比较容易接受,难就难在第三种。这种秘密实际上是擅自没收了伴侣的知情选择权,好让关系按照有利于自己的方向发展,但却可能将伴侣推向深渊。这显然是自私且不公平的,极大可能会引起报复,从而导致狗血剧情的上

演。而亲密关系里的"坦诚"也大多体现在此：我知道这件事可能会对你造成伤害，我愿意告诉你，你可以决定是否还和我在一起。

回到文章开头的例子，女孩的男友肯定是希望知情的，她最合适的做法应该是主动坦白家人们的病史，把选择权归还给男友。也只有经过这次考验，彼此的关系才可能真正长久和稳定。但现实生活中，很多人都无法坦诚相告：一来伤及自恋，二来波及自身利益，因此选择刻意隐瞒。

比如出轨的人，既想享受婚姻的稳定，又想享受婚外情的刺激，这种状态太美妙了，我还不想结束，而且我也不愿意承认自己有什么问题，所以我不会告诉你，要受伤还是你受伤去吧。

"私人空间"可以保护秘密，却不会为你的秘密买单。如何拥有秘密，很大程度上体现着个人的心智化水平。

当你拥有一个秘密时，希望你能够拥有觉知力和辨识力，为自己、伴侣和你们的关系做出有责任感的最佳选择；当你的伴侣拥有一个秘密时，希望你允许对方留有空间，信任对方的品质和能力，相信对方的最佳选择。而彼此的责任和信任，也正是亲密关系融洽和长久的秘诀。

正确处理"离别",
才能从糟糕的关系中及时解脱

前阵子我在网上看到一个被热议的"分手事件":由于无意中翻看男友手机,才发现他早已背着自己找了别的女人。女方怒而甩出一封长长的"分手信",事实描述客观清晰,情绪融入恰当得体,三观呈现正确合理,意愿表达真实有力,有缅怀,有感谢,也有揭发,有怒斥,直至最后坦言要与男方一刀两断。

这篇长文令人震撼的不仅仅是内容本身,更是这种"快、准、狠"的分手方式,一个字:飒。这个女人不仅言语干脆,行动也利落,从她上传的照片可以看出,和男方分手后,她和朋友在海边尽情享受假日狂欢,神采飞扬,已然重启人生。很难想象,这是一个真心付出了多年青春,却蓦然发现被欺骗和被出轨的伤心人。

当一段关系破碎时,如何减少无效内耗的纠缠、瓜葛、放不了手，拥有快速抽身、及时止损和重新开始的能力呢？这个"分手事件"给大家提供了一个很好的正面素材，对此，我总结了三点：尊重感受、容纳焦虑、哀悼丧失。

01
尊重感受
/

李松蔚老师曾说："不舒服就是不舒服，我有权利捍卫我的感受，随时离开，这是常识。"从生物本能上来说，身体反应远快于大脑思考，直觉总比理智更灵敏，快速而直观的感受永远是危险时刻自我保护的第一重机制。

比如，"PUA"男最擅长的是"打压"和"摧毁"，裂解女人的自我体系和精神内核，这是个极其残忍的过程。正常情况下，在嗅到威胁和伤害的气息时，人都会下意识地反抗和离开。

《情深深雨濛濛》中的依萍就做出了很好的示范。何书桓企图说服依萍，让依萍顺从自己："我不是让你变成应声虫，我渴望我们之间能有共鸣。"依萍拒绝："你的共鸣是要我放弃全部的自我，你要的不是共鸣，是服从。"进而回击："感情是建立在彼此理解的基础上的，为什么要让我来共鸣你，而你不来共鸣我呢？"在何书桓指责她"报复心强"时，依萍更是直接回怼：

"滚，我不想再见到你。"

依萍说自己浑身是刺，可是遇到危险时，用刺来保护自己，远离伤害，不是正常反应吗？"刺"并非为了伤害，而是力求自保，这恰好是尊重自己感受的表现：我不舒服，且敢表达、可反抗、要离开。

相比之下，"拔掉刺"的姑娘们，才真正将自己彻底暴露在了危险中。一位法学博士自曝被丈夫"PUA"。丈夫教唆她签订离婚协议之后，伙同前妻骗走她100多万，并对她实施精神控制。"我要的不仅是性上面的征服，我需要你整个人都被我征服，言语、行为、思想。""你是我捡回来的人，当然要伺候我，而不是和我吵。"……源源不断的"PUA"控制话术赤裸裸地侵犯着她的边界，让她饱受摧残和折磨，但她却没有离开。

有的人在关系中遭遇情感虐待或者背叛，却主动关闭感受的雷达，选择忍耐不舒服，这可能有两点原因：一是不爱自己，核心自我感缺失，容易接受"被定义"，为了换取关系中的存在感和价值感，不惜让对方不合理的诉求凌驾于自己的感受之上；二是强迫性重复，被操控、被伤害虽然让人不舒服，却可能在重复童年时期和父母的相处模式，因此这种感受是熟悉的，熟悉即安全，而潜意识也渴望在一次次的重复中寻求曾经缺失的爱，也就是传说中的"吸渣体质"。

面对出轨的暴击伤害，女孩没给男友机会，扔下一封长满了

"刺"的分手信，光速离开。

人要忠于自己的感受，无论被如何定义，只有先离开不适，才谈得上理性思考。

02
容纳焦虑
/

感觉到不舒服了，也捍卫了自己的真实感受，想要离开，可新的问题来了：力量不够，想走又走不了。为什么呢？这是因为离开会激起分离焦虑。

也许有人纳闷，这不是小孩才闹的情绪吗？没错，分离焦虑本是婴幼儿时期与父母分离时的心理症状。但现在的我们也是曾经的小孩，当年没处理好的情绪会在每一个离别时刻涌现出来，等待被看见、被容纳、被处理、被完成。

一个网友自嘲"离婚无能"。因为被出轨，夫妻感情出现了巨大裂痕，去了五次民政局，却每次都在门口折了回来。最后一次，她终于狠下心和老公把婚离了，可是三个月不到，在老公的央求之下，俩人又复婚了。直到现在，她依然忍受着老公时常出轨的婚姻。

明知道对方不是对的人，却忍不住苦苦纠缠，一次次地拉黑、分手，又一次次地和好、重来；明知道纠缠下去没有结果，只有痛苦和煎熬，却因害怕分离而迟迟不肯放手。这就是分离焦虑在作祟，背后的核心感受是：恐惧。

回到小时候，由于"客体恒常性"未完全建立，在孩子的世界里，父母离开自己的视线就等于消失了。这让他们惊慌失措，体验到强烈的被抛弃感，恐惧又无助。这个过程很关键：若父母能协助孩子处理好焦虑，分离将成为个体化成长的经验，否则，将会给孩子的心灵烙下创伤，恐惧的阴影可能影响其一生。

不仅如此，分离焦虑还会关联出另一个与之相对应的潜抑困境：融合焦虑。因为恐惧分离，所以拒绝融合，通俗来说就是那句流行的"因为害怕失去，所以不敢拥有"。这常见于"恐婚族"心理：既渴望亲密，又害怕亲密，更害怕亲密之后的分离。他们拿不起，也放不下，在亲密关系的道路上，因为这个绊脚石而困难重重、情路坎坷。

女孩在分手信中提及自己没有在第一次发现男友有劈腿迹象时就放下："被你真诚的悔过打动了，原谅了你的背叛。"多年的感情面临破碎之际，也唤起了她的分离焦虑，她也曾选择妥协，但好在"手机里的秘密"曝光之后，她清醒了：感情已死，再纠缠下去只有恐惧，没有爱。

耐受了分离之后，才可能在真实的体验中看见：我不再是曾经那个无力又无助的小孩，原来失去了你，我也可以活得挺好。而这些体验，又将进一步提升自己对分离焦虑的容纳程度。

03
哀悼丧失

／

分离之后，还有一个重要议题是处理丧失。

曾看到一个很火的视频：一个男人正单膝跪地，手捧鲜花，向女友求爱，路过的两个女人投来祝福的目光。当男人抬头，与其中一个女人四目相对之时，两人眼里的错愕、难过、不舍，瞬间纠葛出一部痴情大剧。男人捧花的手缓缓垂下，下意识起身，满眼望着这个女人离去，一脸的失魂落魄。此时音乐《可惜没如果》响起，多少人随之跌回了过去，为曾经失去真爱而痛心惋惜。对很多人来说，"处理丧失"是一项极为陌生的技能，失去了就失去了，还怎么处理呢？

时空更迭，无论抛弃与被抛弃，故人早已不在，而心却留在了曾经。这部分没有撤回的力比多，让人黯然神伤、沉溺回忆、旧情复燃、无法自拔。但这不是深情，而是没有和过去告别的能力。所以，人要处理的就是"心"和力比多，哀悼是处理丧失必经的过程。

关于哀悼，有几个关键步骤：

①缅怀过去

缅怀是要灌注情感的，要有勇气重新与过往的爱恨情仇融合一遍。在女孩的分手信里,她花了很大的比重回忆曾经的甜蜜,对男友的爱给予了充分的肯定,甚至自己都感慨:天啊!我回忆起你的好,竟然发现根本收不了手。然后,对于震惊、失望、伤心、愤怒也一一做了描述,可以感觉到她的情绪是流动的。

这是缅怀的正确打开方式:带上觉知回到过去,充分去经历、去释放,同时辨识和梳理纠葛混沌的情绪。

②接纳现实

接下来,回到现实,确认这个人已经从自己的生命中离开了。女孩一句"感谢这些年彼此的陪伴"便是做好了"往后余生,各自安好"的心理准备,此时此刻开始,你和过去都只留在了回忆中,而我要继续往前走了。

至此,力比多已基本完成撤回,也就是真正的"放下了"。

③建立新联结

新的生活开始了,你要允许自己重新投放力比多,寻找新的客体建立联结,获得新的愉悦感。

关于那个视频,后来也有一个我很喜欢的翻拍:男人抬头看见旧情人之后,错愕了一阵,随即回过神来冲着身边的女友笑了,紧紧搂着她,两个人开心地朝反方向走去。背景音乐从《可惜没如果》切换成《后来遇见她》,字幕亦打上了:让过去过去,让未来到来,珍惜眼前人。

对于丧失,时间并不是解药,充分的哀悼才是,只有它能让过去过去,让未来到来。

离别是人生大课,从糟糕的关系中及时解脱是一项必不可少的能力,愿每一个人都能拥有。

第五章

所谓高情商,
都是练出来的

所谓高情商，
到底指什么？

一次活动上，主持人的现场表现成了热议焦点，讲话磕巴、频看提词器等不专业的表现被严格的网友一顿嘲讽："业务这么生疏，就别当主持人了吧！""这是失误翻车了吗？""临时被喊上台的吧？"……

对此，这位主持人反而幽默大方地回应："这可不是失误，这算是我的正常水平，大家也知道，我一直是靠颜值吃饭的。"一本正经的自我调侃，不甩锅，不逃避，大大方方扛下一切，还顺道自夸了一把帅。大家被逗乐了，气消了一大半。

谁知第二天，有知情人士曝出内幕：原来，因为演唱嘉宾的身体原因，这场活动一直没确定是否能如期举行。而这位主持人，在活动的前一天晚上才拿到台本。当天打在提词器上的台本，生硬、尴尬、条理不清，主持人凭借超强的临场应变能力现场改词，力挽狂澜之余，还升华了气氛，使整场晚会真诚、走心了许多。

这一次的"翻车事件"，反而为这位主持人圈粉无数，从此之后，除了他的帅、他的才华，他的高情商也成了大家津津乐道的话题。

这种高情商源于"悦己达人"，我为它取了个名字：愉悦型人格。

01
悦己
/

"悦己"是一项重要却稀有的能力，可以拆解为两个部分：自我接纳和自我愉悦。"自我接纳"大家不陌生，人人都知道要自我接纳，但有人发出了灵魂拷问："究竟怎样才是自我接纳？"

有一个小技巧：看看你对待不完美的自己的态度。

新冠肺炎疫情期间，不少人都悄悄长胖了，就在周围其他人都在疯狂减肥时，一个朋友已经在朋友圈大秀了一波"海滩比基尼"照片。照片里的她，身材微胖，腿、腹、腰均有赘肉，脸上的雀斑和眼角的细纹清晰可见，但一点儿也不妨碍她自信美好的笑容、活力舒展的各种造型。有男性朋友调侃："你这些照片如果美化加工一下，会更美。"她回应："为什么要美得千篇一律呢？真实的自己最美。"

这就是自我接纳：知道自己有瑕疵，不完美，但依然热爱和享受这样的自己。

当发现自己不完美的时刻时，我们的内心往往在复刻早年母亲对我们的态度：抱持或嫌弃。

母亲越能悦纳婴儿的不完美，接住并消化他的攻击性，在内化了这样的客体之后，人的自我接纳程度就越高。反之，便充满了自我攻击，很多人也往往卡在了这里：我好胖，我要减肥才能度过夏天；我好差劲啊，这点儿小事都做不好；我这么自卑，难怪婚姻也不幸福。

先把自己搞得满心伤痕，再投射为别人的不友好：我不喜欢这样的自己，他们也不喜欢这样的我。于是，世界充满了不善和敌意。

汝之地狱，彼之天堂。这样的"推己及人"，在自我接纳程度高的人那里就成了：我接受自己不完美，别人也会接纳真实的我。所以，前文中的主持人对于发挥失常一事，连解释都懒得解释，直接把锅一背：这是正常发挥，不是失误。

内心不和自己较劲，也相信别人不会存心刁难，一来接住了自己，二来给别人留出了善意的空间，往往很奏效。

自我接纳之后，才是自我愉悦，通俗来说，就是知道怎么

"哄自己开心"。

在遇到一些实际挫折时,是沉浸在情绪中,还是做点儿什么让自己有所慰藉,快乐起来呢?

那位主持人的做法是:承认不足后,再附加一个肯定。我承认我水平不高,可我长得帅。这样不足就仅仅是不足,而没有弥散至对整个人的否定和打击,顺带突出和强化了一下其他优势,安慰和鼓舞自己。

很多人说,高情商的要义之一是管理好自己的情绪,以上便是情绪管控的原理。

02
达人
/

达人,就是让别人舒服和快乐的能力,这往往也被视为高情商的重要标准。

某网站有个问题:"哪个瞬间会让你觉得对方情商很高?"

有网友分享了自己的经历:

和老公认识是在一次朋友组的 KTV 局上,现场有很多不认识的人。这个网友因为五音不全,像个小透明一样待在角落无所事事、百无聊赖。切到刘若英的《后来》时,朋友突然把话筒递给了她："快，你当年的成名曲，来露一手。"她立即羞红了脸，当年正是这首歌，高音上不去，低音下不来，一战成名，全校皆知。

周围的人都在起哄，她迟疑着，非常尴尬。这时，一位男士抢过麦克风说："让你们感受一下什么是真正的成名曲。"因为是女声，他唱得破音不断，惨不忍睹，逗得大家哈哈大笑，这事儿很快就翻篇了。

她注意到，男士在唱的时候调皮地向她眨了下眼，就那一瞬间，让她好感爆棚，后来这位男士就成了这位网友的老公。

"达人"也可以拆解为两层：情绪感知力和同理心。

情绪感知力需要较强的洞察力和镜映能力，精准地捕捉和觉察对方的情绪，比如在网友分享的经历中，该男士既注意到了女人的羞耻、为难和无助，又妥帖地关照到其他人的兴奋状态。

同理心是在感知情绪之后，代入自我的经历去体验，以此推测和判断对方的处境和状态，并做出合乎情理的反应，也就是所谓的"将心比心"。该男士巧妙地将焦点引向自己，帮女人避开了"火力"，还将现场氛围推向了一个小高潮，让所有人都度过了一个愉快的夜晚。

有人曾说："高情商就是说话让人舒服，做事让人安心，在权衡利弊之后，始终选择善良。"

我有一个朋友，在这方面的优秀有口皆碑。

别人在正式场合叫错他的名字,他立马反应:"我小时候他就这样叫我,这是我们之间的昵称。"恋人遭受非议陷人低谷,他给她发消息"爱你爱你爱你",连发了 52 条。在朋友圈看见有人情绪低落,他一句话没问,直接给对方发了个红包哄对方开心。大家都很喜欢和他相处:你永远不用担心自己说错什么、做错什么,因为他一定会兜着你。

回到"同理心"的环节,在将心比心时,怎样对待自己,就会怎样对待别人。正因为有"悦己"在前,才能把内部的互动模式外移,先兜得住自己,才兜得住别人。

03
并非"老好人"

也许是太兜得住了,有不少人质疑这种人是"老好人",总在刻意讨好别人。但"讨好型人格"和"愉悦型人格"是有本质区别的:

前者是早年没有被充分回应和抱持而发展出来的一种生存策略:我只有压抑自己的真实需求,迎合母亲的需要,我才能活下去。努力讨好别人的是由此而成长起来的虚假自体,因而内耗严重。

"讨好型人格"的人，属于掏空自己取悦他人，带着极强的目的性：维系关系，维系脆弱的自我存在。之所以"讨好"，是因为害怕冲突和矛盾将不堪一击的虚假自体击溃，自我价值也随之灰飞烟灭。比如，牺牲自我的一切，在婚姻中一味付出以求得肯定的女人；在工作中不敢拒绝别人，揽了一堆杂活儿，年终绩效却得差评的男人。

但"愉悦型人格"是先滋养自己，爱溢出来之后再滋养别人。这是一个与内心深度联结的、饱满的真实自体，是其与世界自然而然的关联方式。

举一个简单的例子来对比。

拿"讨好型人格"这个词来说，很多人会嗅到攻击的味道，因为这伤害和贬低了虚假自体。但在我朋友那里，"讨好"不是贬义词。他说："我不觉得'讨好'是一件坏事，因为只有自己是快乐的、自信的，才有能量去讨好别人。我既可以让自己开心，又能让对方开心，既不辛苦，也不为难，反而很享受。"他们这类人也有目的：你好我好大家好，让世界充满快乐。

这种追求愉悦的能力，在精神分析里是"性动力"充分释放的表现，也是幸福人生的必备品质。

04
一点建议

看到这里，你可能会问，关于"如何修炼高情商"的书和文章看了很多，为什么依旧过不好这一生呢？问题可能出在：没有体验。

这种体验不是说逼着自己去用高情商的方式对待别人，而是首先得有人用这样的方式对待你，然后被内化进互动系统。比如，按照书上教的，控制情绪时先要进行"自我觉察"。可是，即便觉察到了自己的情绪，却没有空间去接住、容纳和消化它，依然只能眼睁睁地看着它崩塌。

这个空间的构建需要在体验中完成。体验有很多种方式，可以结交好友、参加团建、深度旅行，也可以寻求心理咨询，总之，需要邀请好客体加入关系。

武志红老师说："当情绪可以被敏感地觉知、流畅地表达，并对别人的情绪也能觉知和表达时，情绪就变成可控且流动的，这就是高情商。"

祝你能有悦己达人的"愉悦型人格"。

每一场孤独，
都见证了有趣的灵魂

2020年初突如其来的疫情令每个人记忆犹新，几乎把每个人都阻滞在家，隔离病毒的同时，也隔离了人们的日常社交。大家的社交范围迅速压缩，大多数固定在了一个人、小夫妻或者一家几口的模式中。

春节假期延长的通知刚出炉时，还有人无限感慨：多少年的梦想终于成真了。然而刚延长到十多天，这点儿小心思很快被消磨殆尽：屋内重复的话题、单调的活动、过于熟悉的面孔，新鲜感寥寥；屋外疫情肆虐，冷清的大街上寒风阵阵，令人神经紧绷；想找点儿乐子，抓起手机随便一刷，却尽是些让人闹心的新闻。

一切都仿佛被按下暂停键，只有压抑、厌倦、焦虑的情绪，在这样一个相对狭小、安静的空间里，这些情绪被前所未有地放大了。很多人开始百无聊赖、烦躁不安：疫情早点儿结束吧，快在家待废了。但是有一部分人，似乎在无聊中也找到了不少乐子。

01
假期里那些有趣的人

/

先来看看"创意派"。

最先引起我注意的,是网上的一张搞笑图片。

一个剥开的橘子,每一瓣瓣都被仔仔细细地裹上了白色的纸巾,宛如襁褓中的婴儿,而旁边的橘子皮,裂口处用黑线缝了起来,还画上了一对温柔似水的眼睛。配文是:"生了,八胞胎,母子平安。"令人捧腹不已,收获点赞无数。评论里有人说:"看来真是闲疯了。"

别说,"闲疯"的人还真不少。

有把嗑的瓜子皮、花生皮收集起来拼成米奇的,有把苹果啃成艺术摆件的,有借着家里的鱼缸煞有介事地垂钓的,有和娃儿一起大玩剧情角色扮演的,还有给自己的宠物狗直播化妆的。

不仅如此,"闲疯"的人们还齐聚火神山、雷神山施工直播间,开始"云监工",给平日里不打眼的施工车取了一堆可爱的外号:叉酱、呕泥浆、送灰宗、焊武帝、蓝忘机……甚至开通了打榜和超话,迅速捧红了一批"网红车"。

"创意派"的特点是:充分利用手边材料,发挥天马行空的想象,擅长将平凡"点石成金"。

接下来是"才艺派"。

微博有个热门话题"宅家美食才艺大比拼",网友们纷纷前来报道,可谓八仙过海,各显神通。

有和自家宝贝一起烘焙的可爱糕点,有每天不重样的早餐日记,有全家人的拿手菜合集,还有人把当下吃不到的各种街边小吃,比如臭豆腐、麻辣烫、珍珠奶茶、烤串等,通通做了个遍。并配文:"特殊时期,用厨艺特长为家人解解馋。每天厨房里的烟火气息,令人满足又安心。"赚足了网友的好评和口水。

"才艺派"的特点是:在特长中寻找乐趣,在心流中享受安宁。

无论是何种派别,这些事情并没有明确的目的和意义,而创作过程本身却给人以滋养,尽显无用之美。

有人说,无聊至极的时候,身边的一切都会变得有趣起来。然而这却让另一些人又羡慕又焦虑:我也无聊啊,我怎么有趣不起来呢?

02

有趣的灵魂是怎么炼成的?

/

确实,并非每一个人都能积极地和无聊相处,无聊和有趣之间,隔着一个灵魂的距离。

无聊是一种与注意力密切相关的精神状态,最常见的场景就是独处时。

心理学家伯格认为,独处是我们与他人没有社会互动,哪怕我们置身于人群中,但没有与他人进行信息交流时,也称为独处。由于缺少足够的外界刺激,注意力游离不定,对周围的一切都无法聚焦兴趣,孤独又无聊,有没有觉得这和我们宅在家的状态有点儿像?然而那些有趣的灵魂,正是在每一次的独处中,淬炼而生。

比如《从前慢》的作者木心先生。

从前慢

木心

记得早先少年时

大家诚诚恳恳

说一句 是一句

清早上火车站

长街黑暗无行人

卖豆浆的小店冒着热气

从前的日色变得慢

车,马,邮件都慢

一生只够爱一个人

从前的锁也好看

钥匙精美有样子

你锁了 人家就懂了

《从前慢》这首小诗，明媚而纯真，将一代人的乌托邦娓娓道来，让大家认识了诗人木心。可很多人不知道的是，木心先生还是一位画家。

木心50岁之前，曾多次入狱、管制、劳改。岁月漫长、干瘪而孤独，常人难以忍受。而他却在独处的时光里，摸索出了一种叫作"转印法"的作画技巧。并且在出狱时，满怀情趣地做了50幅转印小画献给50岁的自己，还借此拿到了美国的签证。

这样的经历打造了独特而有趣的木心，哪怕在美国的日子再困窘，他也不认为自己是"流亡作家"，他幽默而诗意地说："我是散步散得远了，就到了纽约。"

再比如苏轼。

众所周知，苏东坡有一身才情与壮志，无奈人生坎坷，仕途不顺，可这并没有磨灭他对生活的热爱。看到大江，想到鱼多，漫步竹林，闻到笋香，大名鼎鼎的"东坡肉"也出自他的创意，还顺带写了一首《猪肉颂》。

喝酒、做菜、写诗、作词，在无限的发明创造中，苏东坡成了把无聊的日子过成诗的第一人。

好看的皮囊千篇一律，有趣的灵魂万里挑一。究其原因，大抵是因为大部分灵魂都在无聊又煎熬的独处中枯竭了，没能长成丰盈、有趣的模样。

03
享受独处的能力

/

温尼科特认为，只有他人在场时的独处，幼儿才能发现自己的生活，产生真实的、个人的体验。也就是说，当这个"在场的人"与幼儿建立了合适的关系，既能保持适当的距离，又能在他需要时及时提供支持，孩子就可以自在而真实地存在，不必对外界做出虚假的反应。这就是独处能力最初的形成。随着心智的发育，当孩子完全完成个体分离化之后，就成了一个可以享受独处的人。这样的人，有两个特点：一是边界感好；二是能安于当下。

我有个朋友，宅在家里做了一个精美的视频，主题是"人生第一次这样过年"，记录了在疫情背景下，他们小两口独自在外过年的一系列轶事。

平实与感动交织，温馨与情趣相映，令众人惊艳不已，堪比专业水准。

有人问："这种情况下，你是怎么有心思做这个的？"他说："各种疫情新闻令人心情复杂，但我觉得自己的情绪隔离能力还不错，大部分时间能沉下心做想做的事情。"这个"情绪隔离能力"，就是个人边界。

疫情暴发之初，有一张广为流传的图：每天刷新闻，心情犹如过山车，不是愤怒得手脚冰凉，就是感动得热泪盈眶。很多人的情绪就在这样的跌宕起伏中失控了，心态也崩了。而边界感好的人，及时划出了一道线，防止被不良情绪传染，并积极调适自身状态，稳住自己的节奏。这是他们能够安于当下、专注发展自我的前提。

内心的安全基地守好了，一切探索才得以继续进行；在安宁的精神世界中，"有趣"的事情才可能被琢磨出来。好比朋友圈中的抚琴听雪者、研墨写字者、精进棋艺者、编曲作乐者，他们怡然自得的状态，在紧张不安的氛围中脱颖而出，透着安抚人心的力量：即使世界再不如意，也始终有自己可掌控的自由。

发现了吗？"有趣"本是独处的产物，反过来也在滋养孤独。

04
深刻照见自己

/

可我就是一个无趣的人啊,没有创意,也没有才艺,宅在家只会睡觉、带娃儿、刷剧、打游戏,日子越来越枯燥无聊,我也越来越像个废柴。所以活该焦虑吗?

仔细分析一下,这里的焦虑除了疫情下隐隐的死亡焦虑,还有一种是自我冲突:

我本该光彩照人,现在却已经5天没洗头了;我本该实现价值,现在却在没完没了地"葛优躺";我想像别人一样有趣,却发现自己一无是处。

理想和现实之间的张力角逐,让人的内心冲突不已,也因此内耗不断。结果就是,整个人一直紧绷着,越过越别扭,越来越累。

其实,疫情给我们的这次特殊的长假,是一个很好的观照自己的机会。试想,如果我懒惰、邋遢,我无意义、无价值,我情绪起伏不定,我还无趣平庸,这样一个糟糕的自己,我会如何对待?

一个人究竟有多爱自己,取决于对待那个"不好"的自己的态度。

自我攻击令人心智迷乱，自我接纳才能带来平静。而平静的力量在于，你能够开始享受当下的一切。一个放松的状态本身就是"有趣"的，也蕴藏了更多发现"有趣"的可能。

所以，那段时间我发了条消息：宅胖了也好，宅废了也好，都安安心心地宅下去吧。我们都清楚，这段特殊的时光终究是要过去的，至少，我吃得好、睡得好，养精蓄锐了好一阵子，平安又平和地度过了这个假期，而且，我更爱自己了。

有技巧地"黑化",
日子越过越舒爽

01
余生想撒野
/

第一个故事:

回到家,女人见到了出轨且要求离婚的老公。

做了多年的全职太太,女人像寄生虫一样攀附在老公身上,竭尽全力去讨好,以换来养尊处优、无忧无虑的生活。

过去一个月,乞求、纠缠、挽留都试过了,女人最后的一丝尊严被踩躏殆尽。男人面露愧色,而这次,女人神色凌厉而冷漠:"我曾经以为戒除依赖会有一个过程,可事实上,它会在某个时刻突然减为零。"

就像长长的回音突然被切断了。经此一劫，女人涅槃重生。一袭短发利落清爽，独自带娃儿杀回职场，平步青云寻回自我，魅力加倍重获爱情。她亲手埋葬了前半生，亲启了熠熠生辉的后半生。

第二个故事：

夏天的夜晚，空气黏稠而沉闷，像浑浊的口香糖堵在胸口。刘女士翻来覆去无法入眠，想起异地的老公，结婚十多年一直聚少离多。

刘女士从小就是大家口中"别人家的孩子"，聪明、乖巧、懂事，是长在他人预期和社会标准内的完美女性。而她也确实按照这个轨迹，在结婚之后停下了自己如日中天的事业，安心在家相夫教子。可那一刻，巨大的失落、委屈、空虚和无意义感袭来，恍惚中，仿佛有另一个自我飘浮在空中，俯视着这个孤寂落寞的女人，问道："这一切，值得吗？"

刘女士被击中了。

天亮后，她决定来一场冒险。她离开了味同嚼蜡的婚姻，重出江湖，凭借天赋和实力，年近40的她靠着一部部精心之作再回巅峰，而她，也活得日渐通透。

第三个故事：

凌晨2点，高女士被孩子的梦呓惊醒，连忙走进孩子的卧室。

白天和老公再次爆发争吵，女儿试图劝架却被无情推开，只能躲在桌子下瑟瑟发抖。而此刻的女儿正蜷缩在床上抱着洋娃娃，闭着眼，皱着眉，脸上还有泪痕，不安地翻着身。

眼前的一幕令人心碎，勾起了她痛苦的童年回忆：同样是父母的战火连天，同样是桌下的胆战心惊。

"我在做什么？让女儿重蹈覆辙吗？"高女士蓦然惊醒。

之后，她开始大量接触心理学的内容，梳理与原生家庭的关系、与自己的关系、与老公的关系。一年后，高女士考上了心理学研究生，又三年后，她转行成为一名心理工作者，目前已著有2本心理学畅销书。而她整个人也状态饱满，家庭和谐，二胎宝宝也快要出生了。

以上三个故事中的主人公都有一个共同点：她们都经历了一场颠覆性的叛逆，用现在流行的说法叫"黑化"。

02
重启人生的时刻

/

现实生活中，无论是"叛逆"还是"黑化"，总是带着贬义的味道，似乎背叛了某些东西，又忤逆了某些人。就像《月亮与六便士》中的斯特里，背叛了光鲜的事业、幸福的家庭，抛弃了老婆孩子，杀死了循规蹈矩的自己，为了画画，朝着"人渣"的天才之路一去不返。

走在平稳的路上，突然被一股离心力生生拽了一把，在另一条道上狂奔起来。这个离心力，可以由内而外，比如斯特里回应质疑的那句"我必须画画，就像溺水的人必须挣扎"。这些被镇压在深处的声音，趁着罅隙冲破封印，响彻天际。也可以由外而内，比如本文第一个故事中的女人在惨遭抛弃后，被迫从绝望的荒凉之境清醒、重生，又比如高女士看见梦有惊怖的女儿，被痛苦勾连而出的当头棒喝。

外在的境遇扭转着内心的乾坤，那儿有等待苏醒的人。无论是哪一种，都指向自我觉醒，在那一刻，人们按下了人生的重启键。

"那个茶馆的服务员大姐，居然跑到城里读书去了。""他辞了公务员的金饭碗，花光积蓄开了家足球俱乐部，现在是小有名气的刘总了。"……旁人眼里的"叛逆"，带着唏嘘，带着评价，也许还带着一点儿忌妒和艳羡。但在人们看不见的地方，叛逆的人经历了在新旧交织中的剧烈冲突和挣扎：重启的行为将伴随着巨大的丧失，也可能充斥着无情的伤害，且与之相关的整个系统将发生翻天覆地的变化；旧模式代表着熟悉、安全，代表着随波逐流、人云亦云，也代表着若是不幸福、不美好，可以心安理得地"甩锅"；新模式代表着自我意志，一旦选择，只能自负盈亏，负责到底。

正如一位演讲家在一场名为《中年叛逆》的演讲中所说："叛逆是需要力量的，言听计从无须过脑，而我行我素却需要判断能力和勇气的双重加持。"

所以，叛逆前常常充斥着迷茫、恐惧、迟疑、胆怯。这个过程极为耗能，却也在曲折中有更新的瞥见、更深的领悟，丝丝缕缕，滋养着"自我"的成长，直至蓄满力量喷薄而出，笃定地按下重启键。

03
一场伟大的自我革命
/

这些人究竟为何叛逆呢？为了自我革命。

当取悦他人无法再获得安宁，当循规蹈矩无力再承受拷问，当旧有模式禁锢了自我发展，那么，即便是事业有成、妻贤子孝、年薪百万的人生，也要被推翻。因为，这是"虚假自体"的政权，是与灵魂失联的人生。

一个曾经红透半边天的韩国超级女星，在接受采访时说："我一直尽力满足别人的要求，从未真正关心过我自己。我总是想：开豪车穿大牌给别人看，就算是成功了吧。然而在家里，我一年365天都用一个旧毛巾,自己生活的房子也乱七八糟。"这就是一个虚假自体的典型代表。

温尼科特认为,如果母亲无法敏感地对婴儿的需求做出反应,婴儿便只能被迫顺从母亲的心意以求得关注,获得生存。无法"爱他如他所是",孩子就会发展成"如你所愿",压抑真我,用假我来适应环境,讨人欢喜。

虚假自体掌权的人生,本质上是一种生存策略的延伸。它也许是顺遂、成功的,却少了独特、原创的部分,割裂的身心失去了共振的活力,也没了真实感。所以,内心是不和谐、不幸福的。即便如此,也并非人人都有面对的勇气,潜意识中对改变和失控的恐惧,让很多人刻意忽略了来自灵魂的呐喊,继续浑浑噩噩地沉睡。只有少数勇敢的幸运儿,在震荡中睁开了眼睛:"上半生光为别人活了,下半生好好为自己活一次吧。"

在事业低谷中,那名韩国女星也醒了过来。她卖了豪车和名牌,从大别墅搬进普通住宅,按照自己的喜好装扮房间,为自己添置了新毛巾、新床单,开始愉悦自己。她还遇见了真爱,尽管这个男人在别人眼里平平无奇。她甚至在婚后摒弃一切浮华,和老公隐居济州岛,过上了日出而作、日落而息的生活。这些"真我"的体验,给了她无与伦比的快乐,她头一次感觉,自己是如此真实地存在着。

丰子恺说:"人的生活可以分作三层,一是物质生活,二是精神生活，三是灵魂生活。"

如果说青春期的叛逆是为精神独立而战，那么中年叛逆就是为追寻灵魂的踪迹而发动的一场革命。

04
带上真心，去大冒险

/

有人说，中年叛逆是一场冒险。这个未知的旅途，充满了全新的经验，或美好，或危险，或迷雾缭绕，漂浮着大片的不确定性。在探索中，需要勇气、力量和智慧的相互制约与平衡，否则可能会出现：

①矫枉过正

咨询室里，一个女人聊起自己的婚姻："我受朋友的影响，突然觉得活得很没自我，过腻了逆来顺受、相夫教子的生活。很多女人不都是离婚了之后，才找到自我的吗？所以，我离婚了，但并没有什么用，情况反而更糟了。"

叛逆本身不是目的，而是在寻找真我的过程中不得不发动的一场自我战争。推翻"旧我"，是为了给"新我"让位，而这个前提，是"新我"已经足够强大，能够带领方向，并在杀死、保留和发展之间拿捏住分寸，并非为了叛逆而不择手段。

②冲突和反复

当叛逆之路上遭遇危机，有的人会陷入高强度的自我攻击："好好的日子不过，非要瞎折腾，我看你就是自讨苦吃。"当初灵魂的召唤变成了现在的"冲动"和"胡闹"，刚亲手终结旧模式，却又对新模式充斥着否定，于是人卡在冲突中痛苦不已。

然而，真我并不承诺顺遂和成功，它不在意世俗的得失，只是一个生命力更舒展、更忠于自己的状态。如果没有活出这样舒爽的感受，一定是打开方式不对。

③力量枯竭

也有人，走着走着又沿着原路走回去了。也许是环境不够友好，缺乏支持，刹那间的火花燃尽之后，又陷入了一片混沌中。

"不是说靠自己吗？怎么又被男人养着了？""厨师梦没实现，放弃了，又回到了厂里上班。"

当自我力量不够时，要积极寻求"外挂"：看书、听课、交友，充分积累资源，增加新的客体经验。这张网，能托起孤单、无力的人继续尝试和探索。毕竟，并非每个人都是斯特里，即使穷困潦倒、众叛亲离，也依然有舍弃六便士、拥抱月亮的能量。

有人说："35岁之前，人生在梦游。梦醒之后，游戏才真正开始。"所以，不妨大胆一些，更野一些。祝有勇有谋的各位，冒险愉快。

你没必要
为家人的坏情绪买单

很多人可能都有这样一个困惑:"我明明都这么大一个人了,在职场上早已独当一面,在别人眼里也是小有成就,自己也感觉成熟了不少,可为什么一到父母面前,撑不过三天就又开始重复以前的争吵模式呢?"

答案其实很简单:你根本就没有长大。

01
为父母的情绪买单
/

前不久,我的朋友小 A 发微信向我开启了一连串的吐槽:

"最近我刚搬家我妈就来了,愁死我了。

"她嫌我房间布置得不好看，把我的床单、窗帘、摆件等等全都换了。可是她们那代人的审美你懂的，全都是大红大绿的配色，还有一朵'花开富贵'明晃晃地摊在床单上，实在是好土啊。

"可我不但什么都不能说，还要赞不绝口地夸她，要不她肯定又会像以前一样难过的。"

我笑着揶揄她："那你的房间以后就打算顺着这个画风往下走了吗？"

小A郁闷地说："当然不啊，开什么玩笑。看来只能等她走了，我再换回来……先忍忍吧。"

所以呢？你真的以为你一味的忍让和妥协能换来母女间的和谐相处吗？恰恰相反。

任何关系中，当一方为了维系关系而去压抑情绪时，都是关系趋于恶化的开始。在这个过程中，你会生出许多的"牺牲感"和"付出感"，不自觉地把自己放在一个道德高位上："我为了让你开心，都忍到这个份儿上了，你还想怎么样啊？"

被压抑的情绪不会就此消解，只会像滚雪球一样越滚越大，最后以一个更加丑陋而可怕的模样卷土重来。

果不其然，一周后，小A终于没忍住，母女二人大吵一架，妈妈伤心地收拾东西回家了，小A随即又陷入了深深的后悔与自责中。

在小 A 和母亲的关系中，忍让只是表面现象，那些隐藏在背后的深层原因其实是她觉得自己有义务为母亲的情绪买单。

02
并肩而立的时刻

/

我刚参加工作后的第一个春节，发生了一件很值得玩味的事儿。

我用人生第一笔年终奖给老爸买了两盒西洋参，给老妈买了一套名牌护肤品，开开心心地回了家，准备给他们一个惊喜。没想到我屁股还没坐稳，我妈就结结实实地给我泼了盆冷水：

"在外面赚点儿钱不容易，不要这么大手大脚的。"

"你看你买的都是些啥，我们根本用不上。"

"不会挑礼物以后就别买了，太浪费钱了。"

我爸也点点头："你妈说的对。"

我当时那个委屈劲儿啊，眼泪汪汪地怀疑自己是不是亲生的。脑袋里的小人儿也开始打架：

正方："他们也是心疼我赚钱不易……大过年的，好不容易回家团聚，要不照顾下爸妈的情绪，顺着他们的心意好好认个错？"

反方："认什么错！我拿自己的钱尽尽孝心何错之有！我委屈！我要申诉！"

……

不知道是不是因为参加工作后有了强烈的自主意识，我鼓起勇气拉住了起身准备回厨房的老妈："来，妈妈，坐吧。我想跟你们分享下我现在的心情和想法。首先，我觉得自己相当委屈。我已经开始赚钱了，难道连支配的权利都没有吗？其次，我只是想孝敬你们，这是我的一番心意。你们如果觉得买的礼物不实用，可以好好跟我说嘛，以后我会多注意，挑你们中意的。可你们为什么一点儿都不领情呢？刚进门就开始数落我，你们考虑过我的心情吗？"

可能是很少见我这样的阵仗，我妈明显愣了一下，脸色变得难看起来，屋子里的氛围开始有些紧张。

我头皮一阵发麻，心想，完了完了，这下惹毛他们了，还是赶紧撤吧，于是我一溜烟儿躲回了房间。

本以为自己引来了一场血雨腥风，没想到过了一会儿，我妈竟然主动来叫我吃饭。饭桌上她和我爸相视一笑："我们想了想，觉得你说得还挺有道理的。谢谢你的心意，礼物我们收下了，也很欣慰女儿能记挂着爸妈。不过，以后挑礼物前记得多找我们商量商量，毕竟我和你爸年纪大了，咱们之间的代沟还是有的，你喜欢的那些我们有时候还真瞧不上。"

那一刻，我突然意识到我是可以和父母平等沟通的，也是可以充分表达自己的想法和感受的。当我说出我的想法，也许他们会有情绪，但是一直以来我都忽略了父母也是独立而完整的个体，是有能力识别和调整自己情绪的成年人，不需要我通过压制自己的想法，或者牺牲自己的感受来为他们的情绪买单。

这是我第一次感觉自己真正长大了，直到那一刻我才发现，其实我早已能与父母并肩而立。

03
未完成的"精神分离"

为什么我们总是觉得自己应该为父母的情绪买单呢？答案可能有点儿残酷：并不是因为我们对父母有多炽热的爱，而是因为我们害怕失去他们的爱。

年幼、弱小的孩子，天然地需要依赖父母。因此，在孩子眼里，父母是权威的、全能的，是自己的庇佑神。基于生存的需要，聪明的孩子对于父母的情绪有着敏锐的洞察力，当孩子发现只有做父母喜欢的事情才能让他们开心，从而换来更多的爱和安全感时，他就学会了取悦。这取悦，恰恰就是我们想要买的"单"。

然而，取悦是要付出代价的。对于一个孩子来说，要讨得父母的欢心，就要努力顺着他们的心意来表现，而在这个过程中，必须要隐藏和压抑自己的真实感受。这样的思维模式在我们的成长过程中很容易被内化，形成条件反射：表达真实的自己＝不按他们的期待成长＝失去他们的爱。

于是，当年的孩子学会了言不由衷，学会了报喜不报忧，学会了言听计从，也学会了带着假性自体、背负着"有义务对父母情绪负责"的沉重包袱迷茫成长。但是，这种成长却会带来无穷无尽的麻烦：阻碍孩子与原生家庭的"精神分离"，进而无法使自己成长为一个真正独立的个体。

这里的"精神分离"，是指父母和孩子互相尊重彼此作为个体的独立性与边界。只有实现了这种分离，才能成为一个与自我情感和力量真实联结的独立个体。也正是在分离的过程中，我们会逐渐理解哪些东西是"我"的，哪些是"父母"的，慢慢地获得一种"自我感"，才会真正意义上地"长大成人"。

可现实情况是，很多"年龄上的成年人"以为自己已经长大了，可在心理上却还是那个需要依靠父母的爱和情绪来存活的"巨婴"。

04
如何改变？

/

当我们已经长大成人，还该让父母来背黑锅吗？看见即改变，当意识到这个问题时，你就已经从囹圄中解放出来了。你不再是曾经那个离开父母的庇护就无法存活下去的孩童，你拥有足够的力量来支持自己的独立，完成与父母心理和精神意义上的"分手"。

前段时间，英国的哈里王子和他的王妃梅根·马克尔结结实实地给大伙儿喂了一盆"狗粮"。在这场耗资3亿的盛大王室婚礼中，身着奢华婚纱的新娘梅根，就是在支离破碎的原生家庭中挣扎着长大的"贫民窟女孩儿"。

新晋王妃梅根为非洲裔，2岁时父母离异，和母亲住在洛杉矶的贫民区，在那里，抢劫和谋杀层出不穷。如果不是她父亲一时兴起，用她的生日为号码买彩票中了奖，她可能连大学都读不起。梅根的父亲和兄弟姐妹，在她婚礼前不断爆出"黑料"，绞尽脑汁让她出糗蒙羞，这让原本就饱受非议的"准王妃"更加举步维艰。

没有温暖和关爱，只有无穷无尽的屈辱和争抢，这是极糟糕的原生家庭。可是，梅根没有被原生家庭困住，而是用所有历经的苦难作为嫁衣，以温婉大方、成熟娴静的仪态，从从容容地吻上了心爱的哈里王子。

缺爱、经济拮据、自卑……这些被很多人泣血吐槽的"原生家庭问题套餐"，在梅根的成长背景里只会被成倍放大，可这却丝毫未能阻挡梅根追求理想人生的脚步。虽然一路艰辛，可梅根却挣脱了原生家庭的束缚，完成了"精神分离"，长成了一个心智成熟的真正意义上的成年人。

在成年人的视角下，问题不再是问题，而是一种资源。伤痕的另一面，是上天赋予的独特印记，足以让人绽放不一样的光芒。

在成年人的思维里，"我"的思想和灵魂与其他人是有边界的，"我"充分享受这种清晰而独立的存在，且拥有足够好的心理调适能力，可以与他人保持"若即若离"之美。

在成年人的力量体系里，"我"的内心是自由的，任何境遇都是可以选择的，这才是"我"人生动力的终极来源。

这些，都是梅根身上最耀眼的特质。

这里有一些小方法，可以帮助我们从原生家庭的困扰中摆脱出来：

首先，请肯定父母的爱。"有条件的爱"造成的阴影，只是幼小无力的自己头脑中的一种错觉。在追逐这些爱的过程中，我们虽然辛苦，也未成为他们期望的样子，与他们矛盾不断，可他们依然爱着我们，不是吗？年幼时想象中可怕的被抛弃、失去爱，几乎从未发生过。大部分父母，仅仅是由于受个人成长环境所限，没能学会更健康的、合适的表达爱的方式，但在能力范围之内，他们已给出了他们所能给出的所有的爱。

其次，请允许父母有情绪，并让他们对自己的情绪负责。在边界不清晰的家庭里，庞大而纠缠的情绪是酝酿原生家庭问题"毒瘤"的沃土。经年累月讨好父母的模式，同样会让父母对孩子的反应产生依赖，在不知不觉间被"宠坏了"，情况严重点儿的家庭，甚至会出现父母主动向孩子勒索情绪价值的情况。

当我们选择做真实的自己，又担心有可能触怒父母时，可以运用个体心理学家阿德勒提到的"课题分离"视角：情绪是他们自己的事情，处理这些情绪是他们自己的课题。我需要做的是允许和接纳他们可能出现的各种情绪，温柔地唤醒父母的边界意识，并帮助他们完成自我赋能，让他们感受到自己是可以为自己的情绪"买单"的。

最后，在此基础之上，我们还要学会有技巧地表达和坚持自我。由于原生家庭已经固化的模式，改变起来一定会有些难度。当父母还没有学会处理好自己的情绪时，需要我们用更加有技巧的方式来坚持做真实的自己，而不是简单粗暴地一把推开。比如，眼神和语气尽可能温柔而坚定，如果父母的情绪反应很激烈，也可以通过委婉的书面方式来沟通，给父母一定的缓冲空间，避免形成剑拔弩张的紧张氛围。

很多人被原生家庭的"魔咒"困扰，是因为放弃了发掘自己的能量，总是指望年近花甲的父母先发生改变，好像只有这样，才会变成一个好的原生家庭。可是，原生家庭成型的阶段早已是历史，时光永远无法倒流回父母在我们心目中是"超人"的时代。在匆匆忙忙和跌跌撞撞的成长中，我们早就成了比父母更有知识、有眼界、有力量的人，现在的我们绝对有实力为至亲打造一个全新的世界。

就让改变先从自己开始吧。

久处不厌的人，
都做对了这几点

有一句话：小别胜新婚。说的是偶尔在感情中制造点儿距离，能让伴侣们在思念中提升情感浓度。可 2020 年这场突如其来的疫情，把两个人通通关进了屋里。

有网友调侃："上一次这样形影不离，还是度蜜月的时候。可惜，物非人也非。"

对于很多已经有了三五年革命情谊的夫妻而言，没了蜜月时光的景致，也少了你侬我侬、自带滤镜的激情。彼时耗着大把时间日夜厮守的模式，倒是被迫成功复制了出来。就这样，已经脱离了高度融合状态的两个人，被强行绑在一起。

迅速收窄的时空，把原本的相敬如宾揉碎了，也扯掉了很多夫妻之间最后那一层体面。于是，一种微妙的平衡被打破了。屋外考验着疫情防护，屋内考验着关系经营。

有人默默关注了民政局的公众号，万事俱备，只等开门办离婚手续；有人却甜蜜感慨："没想到经此一劫，感情突破了瓶颈期。"

真让人上头。

01
"疫情结束就离婚"
/

雯雯平日里和老公偶尔会有些小磕小碰，但各自忙上一阵儿也就忘了，日子仍旧接着过，也还算和谐。可这次疫情期间，高浓度的朝夕相处把两人日常积攒的矛盾全部收拢、集中和放大了。

首先是价值观不同。雯雯让老公出门戴口罩、进门消毒，老公不乐意，说自己没那么倒霉，不会轻易中招；雯雯习惯看官方的疫情新闻，老公则天天刷些没根据的小道消息，交流时还带着一副不容置疑的口吻；雯雯觉得宅在家的日子过于沉重和焦虑，想一起做些轻松点儿的事情，可老公语气轻蔑，说雯雯只懂得岁月静好。

其次是生活习惯的冲突。老公习惯脏衣服、臭袜子满屋子乱扔，冲马桶不盖马桶盖，刷牙飞沫溅得到处都是。放在平时，雯雯已经习以为常，可现在病毒猖獗，这个男人居然还是一点儿都不注意卫生！

最让人抓狂的，是老公的"诈尸式"育儿：很少管孩子，话虽不多，但句句砸锅。本来制订好的假期学习计划，他一句"放假就是要好好玩儿"，孩子便理直气壮地把作业撂到一边——雯雯之前的努力全部付诸流水，简直气得够呛。

疫情让人神经紧绷，本来心情就很焦躁，可老公不但不理解、不配合、不帮忙，还瞎指挥，整个儿就是一个"神坑队友"。

面对雯雯的指责，老公也委屈："我怎么就不帮忙、瞎指挥了？你成天唠叨就可以，我就不能发表意见了？"雯雯听了更加火大："一刻也相处不下去了，疫情结束立马离婚，咱们最好老死不相往来。"

都说所有的压抑不会消失，只会伺机换一种方式，以更可怕的模样卷土重来。疫情刚好提供了这样的机会。平时我们选择忽略的或者尚能忍受的小矛盾，在疫情这个特殊的背景下，在无可逃脱的四目相对下，层层叠叠地暴露、堆积起来，它像一把尖锐的刀子，毫不留情地划破了原本就脆弱的关系。

心理学上认为，关系破裂的本质，是不被看见。

你看不见我的感受、我的情绪、我的期待，最亲密的人躺在枕边，我却忍受着一次次被忽略的痛苦。于是我愤怒、我攻击，我不停地唠叨、抱怨，其实只是拼命想被你看见，没想到，情况却更糟了。我以为那些伤口会结痂，可有一天它却轰然断裂、凹陷，成为我们之间再也无法逾越的鸿沟。

只能这样了吗？

02
"重新发掘了他的闪光点"

/

也有一些人，放弃了对伴侣的围追堵截，调整了期望值。

网友小C是全职妈妈，老公平时要忙自己的事业，很少有时间在家，偶尔休假也是一副生活琐事事不关己的大男子主义态度。所以疫情这段时间，小C对老公没抱什么期待："习惯了，没指望他在家帮什么忙，就当多煮一个人的饭呗。"倒是老公，每天宅在家实在太无聊了，竟然开始主动琢磨和修理家里的东西。

一开始是有点儿小毛病的家电，比如储物间里的旧电视，有点儿渗水的洗衣机和老收音机；接着又把小C用坏了的手机和蓝牙音箱修好了；后来，实在没可修的了，他就开始先拆后修，比如闹钟、吹风机等，成功的时候多，偶尔失败了也会嘿嘿地笑，像个害羞的大男孩儿。

结婚 5 年，小 C 竟不知他有如此手艺。

最让小 C 没想到的是，儿子也被爸爸的手艺吸引了，无比崇拜地加入了"修理大军"，父子俩捣鼓得津津有味，关系达到了融洽的巅峰。小 C 一下子多出了不少私人时间，敷面膜、学英语、看电视，不亦乐乎。"这相当于他变相带娃儿了吧。"小 C 开心地说。

婚姻中的"低期望"其实是一种难得的智慧。

当我们爱上一个人时，往往爱上的是我们心中的理想化客体。亲密关系会激活早年的客体关系模式，于是缺点、攻击、矛盾几乎不可避免地暴露出来。在这个过程中，有人会如小 C 般接纳现实："原来，他并非我想象中的那么完美，不过世上本就没有十全十美的人，还是知足点儿吧。"这样，期望值就会降低，也更容易看见更加真实的他：会赚钱养家，但懒得做家务，也不主动帮忙带娃儿，他不是全能的盖世英雄。

小 C 的"不指望"，有一丝理想化破灭的无奈，却也隐含着整合的力量。不将理想化投射到伴侣身上，对方也不会因为高期待而窒息，可以轻松、自在很多，这是一段关系得以健康、长久维系的关键。对于小 C 来说，"锦上添花"而非"雪中送炭"的婚姻观，在这个特殊时期给她带来了惊喜。

03
"我们又回到了热恋时"

/

好友小秦重拾甜蜜爱情的故事，也很值得思考。

小秦和老公都是"996"的上班族，平时工作、加班、赚钱，回家累得不想说话，大部分时候都各自瘫在一个角落，刷剧的刷剧，打游戏的打游戏，日子像极了两条平行线，几乎快感受不到对方的存在了。

"禁足"的日子刚开始时，双方都无比焦虑，一方面因为疫情导致心情很压抑；另一方面也突然发现，两人根本无话可说，空气总是突然安静，非常尴尬。再后来，鸡毛蒜皮的小事都成了他们吵架的理由，仿佛只能在吵架中寻找到最后一丝联结感。这样过了几天，老公忍不了了："再这样下去，就算不染病，人也给闹死了。"然后，他跑到电脑前一顿噼里啪啦，列出来一张观影清单："从今天开始，我们一起来看电影吧！"

小秦瞅了一眼清单——《海上钢琴师》《海角七号》《大话西游》《囧妈》等等，经典的、新上映的，应有尽有。小秦心里一颤，暖意奔涌：想当初，我俩就是因为电影走到一起的。

于是，小两口的观影之旅开始了：每天一起看1—2部电影，边嗑瓜子边讨论剧情，兴致来了还即兴来段模仿秀，两人看着录制的模仿视频捧腹大笑。

不仅如此,他们还拓展了计划:一起健身,做双人瑜伽;一起下厨,进行厨艺比拼;一起做家务,划拳决定谁出门倒垃圾,争取难得的外出机会。

小秦说:"好久没有这样彼此陪伴了,热恋的感觉又回来了。"

亲密的感受来自灵魂的交融。当最初的激情退去,消弭的边界重新生了出来,"你中有我,我中有你"的共生状态逐渐消失,回归各自的世界之后,稍不留意,就过成了若有若无的"室友"关系——没了亲密的滋养,只剩了无生趣的一潭死水。而擅长经营关系的人,会主动创造出一系列的"融合点"(有时,我们也把这些融合点叫作情趣),在这些融合点上,两个人是同频共振的,能够在默契的身体或精神状态中重新回到水乳交融、深度联结的感受中。比如小秦和她的老公,二人以共同爱好为切入点,将当年的火花又点燃了一次。

04
我们的婚姻该何去何从?

/

我们的婚姻该何去何从?

这段时间,我经常能听到小区里爆发出争吵声,有女人尖锐的嘶吼声，有男人狂躁的砸门声，还有小孩儿撕心裂肺的哭闹声。

很多婚姻在疫情这场"大考"中，暴露了前所未有的危机，和前文中雯雯面临的情况如出一辙。而小C和小秦也是"大考"中的一员，但他们的故事却又给人启发，让我们深思，也许一切并非无法挽回。

有人说，这场疫情像一面照妖镜，照出了真实的婚姻状态。这句话着实有些道理。它能唤回落满灰尘的激情，也能激发双方成倍的攻击性；它能给人意想不到的惊喜，也能成为压死骆驼的最后一根稻草。但无论如何，这都是一个照见自己、照见关系的契机。

发现问题，才有解决问题的可能。

带上觉察和反思，调适一下自己在关系中的状态，或者充分利用每一次难得的相处，和伴侣开展坦诚而有深度的谈话，捋一捋彼此心中的结。不管结果如何，这都将是一次宝贵的成长机会。而爱和成长，正是每一段亲密关系，也是每一个人最重要的议题。

30 岁之后，
照顾好自己

看到一段采访视频，视频中的女人侃侃而谈，状态饱满，令人羡慕，将女人三十多岁的韵味展现得淋漓尽致。她说："二十多岁的时候，我们很傻，但有奋不顾身的力量；30 岁之后，我们要留一点儿力量给自己，照顾好自己是很重要的事情。"

二十多岁的时候，我们刚刚跨进成人世界的大门，心智尚未成熟，就开始与事业、爱情、婚姻、家庭等人生大事逐一交手、过招。带着原生家庭的烙印和气息，我们跌跌撞撞地走着，在巨大的不确定中，看似勇敢地做出各种确定的人生选择。这个过程的关键词是：不安、迷茫、焦虑、惶恐。

到了三十几岁，眼前的世界开阔明朗起来了：手握更多资源，更熟悉边界和规则，方法论成熟，大小事情处理起来更加游刃有余。同时，扮演的角色更丰富，"游戏场景"加载也越来越多。这个时候，关键词又变成了：检视、梳理、调整、发展。

三十几岁，我们拥有了更成熟的大脑，也承担了更多的压力。渐入佳境的我们，开始与世界深度互动，但也常常喘不上来气——毕竟这段承上启下的黄金岁月，承载着一大半的人生重量。由此来看，好好照顾自己确实是非常重要的事情。

01
照顾好自己，为了更深刻的遇见

/

有一个故事，来自我的朋友。

读书的时候，她是"灵魂伴侣"的坚定奉行者，拥有过一段默契度相当高的恋情，最终命运却赠予她一场轰轰烈烈的失恋。毕业后，听说她通过相亲结婚了，再见到时，她已经是个9岁孩子的母亲了。再次聊起感情，她感慨万千："那场失恋，差点儿以为自己的人生毁了，现在回头看看，不过如此。我现在非常幸福。"

有人说："年轻时，我们被伤害过，也可能伤害过别人，但最终都在伤害里成长。"

年轻人最爱做的事情就是凭感觉找爱情，但"感觉"往往藏着大坑，从精神分析的角度来看：你以为的一见钟情，背后可能是彼此的创伤在相互勾连。而这些创伤，注定在二十多岁的年纪里尽情暴露、爆发，之后才能修复、平复。

随后，带着愈合的伤疤步入三十多岁，却遇到了另一个问题：随着与原生家庭的分化，自我的成长、真实的需求在变化，双方的契合度也在变化。

朋友说："我和老公的感情经历过低谷期，强烈感觉到对方不是对的人。"

面对不再理想的关系，三十多岁的关口，有些人选择分手、离婚，有些人选择了"死磕"。两种选择没有对错之分，但有一个真相需要被认知：每一段关系都处在动态变化中，没有一段关系能一直保持理想状态。感情中某个时段的理想状态，只是刚好达到了平衡——有可能只是碰巧，但大多数时候是共同努力的结果。比如朋友的经历：曾经令人艳羡的灵魂伴侣，也免不了"滑铁卢"式的失恋；后来再碰上婚姻里的波折，却彼此携手迈过了一个大坎儿，反而越来越好。

选择"死磕"的人，如果是为了在原有关系里重新寻找新的动态平衡，那这种行为很可能是充满建设性意义的。正如朋友后来所说："幸好，在大量的争吵、妥协、反思中，我们逐渐明白，原来理想关系不是个结果，而是个过程。"

三十几岁的人，正处于丰茂的人际网络中。每一种关系都很复杂，有很多值得去调适、去尝试、去努力的地方，这个过程本来就是充满挑战而迷人的。只有先做一些有效的努力,才会知道放弃是不是值得的。

从长久、稳定的关系中获得滋养感,是照顾好自己的一种方式;若最终选择分开,在等待遇见的日子里,更要好好照顾自己,用成熟饱满的状态迎接那个更加合适的人。

02
休息不是为了逃避,而是为了重新确定方向

另一个故事,来自网友的分享。

她原本在国企工作,遇到上升瓶颈期,迟迟未能晋升。后来意外怀孕,她权衡了很久,决定生完娃儿后,离开那份让人糟心的工作,辞职在家专心带娃儿。这期间,她时不时地将自己的育儿心得和体会整理成文章,发出来和网友们交流。由于有一些心理学基础,写的东西既接地气,又有深度,她的名号很快就打响了,各种稿约纷至沓来。

如今,她已经转型为一名自媒体人,坐拥 50 多万粉丝,深受读者喜爱。她说:"在 33 岁之前,我从来没想过有一天能通过这种方式谋生,还不耽误带娃儿。最关键的是,我现在的状态和从前工作时的状态完全不同,整个人都充满了活力,非常享

受。我真的太热爱写作了，可以说它打通了我的任督二脉。"

在二十多岁，很多人都背负着父母的期待和择业标准的压力。在与工作周旋的漫长岁月里，总觉得有哪些地方不对劲，却又说不出个所以然。他们最擅长在两种状态中自如切换：要么面对挑战，压力山大；要么面对重复，厌倦麻木。原因很简单：他们将自己的人生，过成了父母人生的续集。

来到三十多岁，工作成了生活的重心，有些人在工作中小有成绩，成就感暂时代替了曾经的空虚；也有些人，在自我意识的伸展下，内心冲突越发激烈，强烈渴望挣脱别人的影子。但真正能够"享受工作"的，仍然寥寥无几。所以，所谓的"瓶颈期"，不仅仅是职业机会的瓶颈，也可能是心理状态的瓶颈。这个阶段是迷惑的、焦灼的，同时也是无比珍贵的。

一个女演员，在她30岁时就拿到了某著名表演艺术奖的最佳女主角奖，却在事业巅峰时停下了脚步。很久之后她说："当时，我对'表演'这件事产生了很大的倦怠感。我无法觉得表演很好玩，我很迷惘，所以我就先休息。"

所以，她有一年时间没有拍戏，而是沉淀下来，好好思考了两个问题：我想要什么样的人生？我想要什么样的工作节奏？

这段空白期帮她重新确定了方向："30岁之后，我才开始真正享受我的工作。"

工作是为了在热爱又擅长的事情中尽情释放攻击性，这就是享受。如果因为被卡住而痛苦万分，那么30多岁的你，也许迎来了一个调整的契机：你有能力结合真实愿望将工作变为调和人生的一部分，而不是巨大的内耗源。

弗洛伊德说过："生命中重要的是爱与工作。"理所当然，从工作中愉悦自我也是好好照顾自己的方式。

03
保温杯里泡枸杞，身心健康很要紧
/

还有一个是从网络上听来的故事。

某主播曾经在事业单位工作，福利待遇丰厚，事情不多，有大把的清闲时间。可她觉得自己当时的工作缺少价值感，而且周围的人年龄都偏大，几乎交不到朋友，多次想辞职，可又不舍稳定的生活。就这样，她陷入了巨大的内耗中，纠结了好几年，越来越忧郁。

在30岁那年的单位体检中，她发现自己的子宫出问题了。医生说，她这个年纪的女性几乎不会生这种病，大概率是情绪状态引起的。这让她非常震动，原来心理会影响身体，身心并不是互相割裂的。

于是，她辞职了，凭借自己的专业背景和积攒的人脉，她走上了创业的道路。她说:"现在的生活动荡又艰辛,但我乐在其中,病也悄无声息地好了。"

早在二十几岁的尾巴,"保温杯里泡枸杞"的意识就已迅速崛起。嗅到一丝衰老气息的人们,在死亡焦虑的驱使下,对身体格外爱护起来,与此相对的却是对心理状态的刻意疏远和忽视:不屑于或者不擅于处理情绪。

"三十多岁的人了,还做不好情绪管理,也太差劲了吧。"这是羞耻感。

"我只是觉得难受,但不知道自己到底在经历什么,也不知道该怎么办。"这是无力感。

情绪无法被代谢和消化,只好层层叠叠摞在一起,发酵成心理问题,最终在身体上出现反噬。比如,长期抑郁会导致卵巢、子宫或内分泌出现问题;后背疼痛,可能是因为缺少支持,或受到了亲近之人的伤害。

古老的哲学观认为:身心本为一体,互相传递着能量。一个好的身心循环系统是成功的一半,所以,好好照顾自己,也要学会同步身心:

身心活在当下,充分体验生活。

识别身体或者情绪发出的信号,察觉可能的生理或心理需求。

及时回应这些需求,提高接纳和处理情绪的能力,必要时寻求专业帮助。

多锻炼，除了强身健体，运动释放的多巴胺还能够调节情绪，抵抗抑郁。

04
长大不会让一个人改变，而是让一个人更像自己

有人说："三十多岁，是人生最好的年纪。"

这并不仅仅是因为我们拥有了更健美的身体、更睿智的思想、更成熟的气质、更丰沛的人脉、更多的物质和金钱，最重要的是，我们依然保留着探索世界的热情，同时对自己的认知更深刻，离真实的自己也更接近。

正如一位著名表演艺术家所说："长大这个过程，你一直是在认识和统整自己。长大不会让一个人改变，不见得会变成某种样子，我还是我，只是，更像自己了。"

愿三十多岁的我们，都能好好照顾自己，以及在漫漫旅程中越来越像自己。

那些
像光一样照亮世界的女人

活得像一束光,用内心的智慧、力量和慈悲照亮世界的女性是什么样的?

我想,郭建梅就是最好的答案。

郭建梅是中国首位专职公益律师,至今已免费接了近5600件弱势女性的案子。这些案子,每一件都复杂难缠、无人关注、胜算极低,也根本赚不到钱。但在她的努力下,不堪家暴、杀死丈夫的女人由死刑改判死缓,被强奸却得不到赔偿的女孩争取到了正当权益,被丈夫挖掉双眼的产妇筹到了捐款、换上了义眼。

从34岁那年放弃高薪工作,走上公益律师的道路开始,郭建梅已经坚持了整整26年。这期间,几乎没人能理解她:"你是不是疯了?图什么呢?"她却一直笃定:"因为她们需要帮助,这是做律师的意义。"

郭建梅是真正的"女神",这样的女人有着非凡的心理品质。

01
看见苦难

/

心理学认为,生命的根本需求在于被看见。

这个"看见",不仅仅是说看见一个人作为物质形体的存在,还有心灵的存在,也就是看见他人的感受、情绪和心理状态。

我有一个朋友,知性温柔,谦和有礼,人缘极好。

有一次我和她一起逛超市,轮到她结账时,一个胖胖的女收银员态度恶劣地催促:"你篮子里的东西能不能快点儿拿出来?跟个大爷一样,别耽误我下班!"

这种"蛮横劲儿"我真是第一次见,我和她都愣住了。我刚要和她理论,朋友却拦下我,调整了一下表情,温和中略带一丝关切地说:"大姐,您是不是遇到什么事儿了?可以理解的,我尽快结账。"女收银员听完嘴角抽动了一下,眼圈瞬间就红了,神态也明显缓和了很多,结完了朋友这单,就急匆匆地离开了。

穿透"攻击"的表象能看见真实的情绪，女收银员的痛苦、烦闷、委屈、压抑，都被我这位朋友深深地理解了，这是两个灵魂全然相遇的时刻。也只有在这样的时刻，才会引发"共情"——一种能深入他人的主观世界，了解其感受的能力。通俗来说就是，我从我的世界里暂时抽离出来，跨过边界，来到你的世界，陪你待一会儿。于是，朋友进入了女收银员的世界，急她之所急，很配合地快速结完了账。

如果没有"看见"，很可能这件事的后果是一通骂战，最终以我们对收银员的投诉收场。我们失去了好心情，收银员可能会丢掉一份工作，谁都不是赢家。而最可惜的是，人与人之间失去了联结和共振的机会，成了两座荒草丛生的孤岛。

有一种抑郁症叫"微笑抑郁症"，比如，谁都想不到那些平日里看似阳光开朗、积极乐观的人，会在某个夜晚从楼上一跃而下。若是拥有"看见"的能力，那微笑背后山崩地裂般的黑色情绪，也许就有被温柔相待的机会。

看见之后才能共情，共情之后才会懂得，懂得之后才有慈悲。

郭建梅看见了弱势女性任人摆布下的痛苦、恐惧、愤怒、无助，而她自己在原生家庭"重男轻女"环境下留下的创伤，让她得以深刻地共情和理解当事人，悲悯之心油然而生。

02

容纳黑暗

/

除了"看见",还要有足够的心理空间去承载、容纳和消解复杂的情绪,精神分析流派把这个空间称为"抱持性空间",也将其形象地比喻为"容器"。

电影《阿甘正传》里,阿甘的母亲就是一个"好容器"。

阿甘的智力天生有缺陷,这对普通家庭来说是一个不小的打击,可阿甘的母亲不但容纳和处理好了自己的情绪,还给了阿甘极大的爱的输出。

当阿甘的脚卡在下水道,路人露出鄙夷嘲讽的目光时,她温柔地帮阿甘解除困境,并鼓励儿子:"你和别人是一样的,不要因为他人的歧视而感到害怕和自卑。"她尊重阿甘的人格,教育他要自尊自爱,所以当别人轻蔑地问阿甘:"你是傻瓜吗"时,阿甘才能自信地回答:"我妈妈说,做傻事的人才是傻瓜。"

这种温柔的抱持,给阿甘营造了一个足够安全的环境。哪怕有时他会与人性的黑暗无限接近,可一旦回到这个空间里,他的恐惧和不安就能得到充分的释放和接纳,被消化后,再重新反馈和滋养阿甘。

妈妈这个好客体,以及其作为容器的功能,成功地内化进了阿甘的心里，成了他此生最棒的礼物。所以，即使阿甘智力有限，可他却凭借自身强大的心智模式，活出了令无数人羡慕的人生。

心理学家施琪嘉说："你要去接近恶、理解恶，才会懂得如何避开恶。"

有的人将人性一分为二，只选择接近"真善美"的人，也许是因为没有"容纳黑暗"的能力，害怕遭到黑暗的反噬。

对于阿甘一家人而言，身体的缺陷、周围人的讥讽与恶意是避无可避的阴暗面，而他们对其进行拥抱、过滤和解毒，整合了爱与恨、黑与白，发育出了更加完整的人格。

郭建梅也同样如此。

作为公益律师，在无数棘手复杂的案件中，郭建梅接触到的几乎都是人性至暗的一面。她首先要有足够的能量去挖掘黑暗、深入黑暗，并涵容自己面对黑暗时的情绪和状态，之后才可能充分发挥自身所长，用法律重新去解释、定义和维护，以守护弱势女性。这也是一个解毒和反哺的过程。

"容器"是一种宝贵的功能，前提是要拥有稳定的核心自我。自我破碎的人，内心盛满了自己波动的、难以消化的情绪，不仅解不了毒，可能还会将自己的"毒"盲目地投向别人。

03
构建意义

/

一束光，本来没有意义，但是有了需要它的万物，它便有了使命和意义。这与郭建梅那句"因为她们需要帮助，这是做律师的意义"有着相同的意味。

人本存在主义认为：人被无端抛诸世间，本来是无意义的，人生是一个自我构建和赋予意义的过程。

墨西哥国宝级传奇女画家弗里达跌宕起伏的一生，至今仍未被人遗忘。

她6岁得小儿麻痹症，导致右腿萎缩；18岁遭遇车祸，全身粉碎性骨折；终生不育，余生遭遇了数不清的背叛和流产；多年卧床不起，经历了反复的手术和难以想象的疼痛。

"我的身体曾经被打断、重接、再重新打断和矫正，很多很多次，我就像个拼图玩具。"支离破碎的身体和命运，使她唯一拥有的只有痛苦。但是，她却赋予苦难以价值：世界以痛吻我，而我报之以画。

绘画成了一条纽带，一端联结起她的全部痛苦，一端联结起需要被鼓舞的人们，而她在中间，构建着自己的人生意义。

弗里达的绘画作品有着极强的个人色彩和艺术价值，连毕加索都曾自愧不如。

"我画中的信息就是痛苦,我在彻底地画出我的生活,我相信这是最好的作品。"虽然此生短暂,但弗里达却成了史上最"贵"的艺术家之一,她的头像被印在500比索上,成为墨西哥的文化符号,是无数人心中的缪斯女神。她将毕生的苦难活成了一部女性史诗,她的画,她在荆棘中怒放的生命,深深地影响着人们。

遗憾的是,当代受金钱和名利驱使而日渐符号化的人们,很多都已忘记了"人生意义"这件事。

郭建梅说,她的大部分大学同学现在都已成为社会中的上流人士,每次同学相见,他们问她的第一句话永远是:"你怎么还在做公益律师?"

然而,只想着赚钱,只打"稳赢"的官司,那还是"维护公平和正义"的律师吗?

所谓使命,就是用自己的力量去帮助和服务有需要的众生,这也正是人类赋予自己人生意义的过程。

力量有大小之分,使命无高下之别,世界由此见证你的存在。弗里达如此,郭建梅亦如此,每一个努力寻找、不忘初心、牢记使命的人,都是如此。

愿每一位女性,都能活成这样的一束光,滋养自己,也照亮别人。